全国监理工程师执业资格考试模拟实战与考点分析

建设工程监理案例分析

本书编委会　编

中国建筑工业出版社

U0725331

图书在版编目（CIP）数据

建设工程监理案例分析/本书编委会编 . —北京：中国建筑
工业出版社，2013.12
（全国监理工程师执业资格考试模拟实战与考点分析）
ISBN 978-7-112-16100-3

Ⅰ.①建…　Ⅱ.①本…　Ⅲ.①建筑工程-监理工作-案例-
工程师-资格考试-自学参考资料　Ⅳ.①TU712

中国版本图书馆 CIP 数据核字（2013）第 268556 号

　　本书是全国监理工程师执业资格考试的复习参考书，依据最新版考试大纲的要
求编写。编者依据考试"点多、面广、题量大、分值小"的特点，精心研究历年考
试真题，通过考试命题的规律，预测考试试题可能的命题方向和考查重点，编写了
十九套模拟试卷，供考生冲刺所用。

　　责任编辑：岳建光　张　磊　武晓涛
　　责任设计：李志立
　　责任校对：李美娜

全国监理工程师执业资格考试模拟实战与考点分析
建设工程监理案例分析
本书编委会　编

＊

中国建筑工业出版社出版、发行（北京海淀三里河路 9 号）
各地新华书店、建筑书店经销
北京红光制版公司制版
廊坊市海涛印刷有限公司印刷

＊

开本：787×1092 毫米　1/16　印张：12½　字数：303 千字
2015 年 1 月第一版　　2018 年 11 月第五次印刷
定价：**36.00** 元
ISBN 978-7-112-16100-3
（32453）

版权所有　翻印必究
如有印装质量问题，可寄本社退换
（邮政编码　100037）

编 委 名 单

主　编　杨　伟　陈　烜

参　编　（按笔画顺序排列）

马　军　成长青　吕　岩　朱　峰

刘卫国　刘家兴　齐丽娜　孙丽娜

吴吉林　张　彤　张黎黎　罗　铖

赵　慧　柴新雷　陶红梅

前　　言

　　全国监理工程师执业资格考试具有"点多、面广、题量大、分值小"的特点，单靠押题、扣题式的复习方法难以达到通过考试的目的。而且参加考试的考生大多为在职人员，还面临着"复习时间零散，难以集中精力进行全面、系统的复习"的实际困难和矛盾。因此，考生们迫切需要一本好的辅导书，可以在考试复习中起到事半功倍的作用。为了让更多的考生掌握考试大纲的内容，顺利通过考试，我们编写了本书，以便考生在复习的最后冲刺阶段体验考试的实战情景，从而在考试中取得好成绩。

　　本书严格按照最新版考试大纲的要求编写，每套试卷的分值、题型等都是按照最新的要求编排的。在习题的编排上，编者经过长期对考试特点的研究，以历年考试真题为引，通过对历年考试真题进行大量的总结、对比、分析和归纳，引出真题所考知识点，再继续由所考知识点编排相关的经典试题，并逐一给出这些题目详细的解析，以加深考生记忆，强化、巩固复习重点，让考生对考试的重点内容有较为扎实的理解和把握。本书注重与知识点所关联的考点、题型、方法的再巩固与再提高，并且使题目的综合和难易程度尽量贴近实际、注重实用。书中试题突出重点、考点，针对性强，题型标准，应试导向准确。

　　本书可帮助考生在最短的时间内以最佳的方式取得最好成绩，是考生考前冲刺复习最实用的参考书。

　　本书虽经全体编者精心编写、反复修改，也难免有疏漏和不当之处，敬请广大读者不吝赐教，予以指正，以便再版时进行修正，在此谨表谢意。

全国监理工程师执业资格考试
基本情况及题型说明

监理工程师是指经全国统一考试合格，取得《监理工程师资格证书》并经注册登记的工程建设监理人员。

1992年6月，建设部发布了《监理工程师资格考试和注册试行办法》（建设部第18号令），我国开始实施监理工程师资格考试。1996年8月，建设部、人事部下发了《建设部、人事部关于全国监理工程师执业资格考试工作的通知》（建监〔1996〕462号），从1997年起，全国正式举行监理工程师执业资格考试。考试工作由建设部、人事部共同负责，日常工作委托建设部建筑监理协会承担，具体考务工作由人事部人事考试中心负责。

考试每年举行一次，考试时间一般安排在5月中旬。原则上在省会城市设立考点。

一、考试科目设置

考试设4个科目，分别是：《建设工程监理基本理论与相关法规》、《建设工程合同管理》、《建设工程质量、投资、进度控制》、《建设工程监理案例分析》。

其中，《建设工程监理案例分析》科目为主观题，在专用答题卡上作答。其余3科均为客观题，在答题卡上作答。考生在答题前要认真阅读位于答题卡首页的作答须知，使用黑色墨水笔、2B铅笔，在答题卡划定的题号和区域内作答。其余3科为客观题，在答题卡上作答。

二、考试成绩管理

参加全部4个科目考试的人员，必须在连续两个考试年度内通过全部科目考试；符合免试部分科目考试的人员，必须在一个考试年度内通过规定的两个科目的考试，方可取得监理工程师执业资格证书。

三、报考条件

1. 凡中华人民共和国公民，遵纪守法，具有工程技术或工程经济专业大专以上（含大专）学历，并符合下列条件之一者，可申请参加监理工程师执业资格考试。

（1）具有按照国家有关规定评聘的工程技术或工程经济专业中级专业技术职务，并任职满3年。

（2）具有按照国家有关规定评聘的工程技术或工程经济专业高级专业技术职务。

（3）1970年（含1970年）以前工程技术或工程经济专业中专毕业，按照国家有关规定，取得工程技术或工程经济专业中级职务，并任职满3年。

2. 对于从事工程建设监理工作且同时具备下列四项条件的报考人员，可免试《建设工程合同管理》和《建设工程质量、投资、进度控制》两个科目，只参加《建设工程监理基本理论与相关法规》和《建设工程监理案例分析》两个科目的考试：

（1）1970 年（含 1970 年）以前工程技术或工程经济专业中专（含中专）以上毕业；

（2）按照国家有关规定，取得工程技术或工程经济专业高级职务；

（3）从事工程设计或工程施工管理工作满 15 年；

（4）从事监理工作满 1 年。

四、考试教材

监理工程师的考试教材由中国建设监理协会组织编写，分为六册，分别是：《建设工程监理概论》、《建设工程合同管理》、《建设工程质量控制》、《建设工程进度控制》、《建设工程投资控制》、《建设工程信息管理》。另外还有《建设工程监理相关法规文件汇编》等参考资料。

五、题型介绍

《建设工程监理案例分析》题型以主观题为主，试题涉及内容广泛（涉及 6 门课程及有关法律、法规），知识综合性强。

题型介绍略。

目　　录

第一套模拟试卷

案例一

某实施监理的工程，建设单位与甲监理公司签订了施工阶段的监理合同，该合同明确规定：监理单位应对工程质量、工程造价、工程进度进行控制。双方拟定设计方案竞赛、设计招标和设计各阶段的监理任务时，业主方提出了初步的委托意见：

(1) 编制设计方案竞赛文件。

(2) 发布设计竞赛公告。

(3) 对参赛单位进行资格审查。

(4) 组织对参赛设计方案的评审。

(5) 决定工程设计方案。

(6) 编制设计招标文件。

(7) 对投标单位进行资格审查。

(8) 协助业主选择设计单位。

(9) 签订工程设计合同，协助起草合同。

(10) 工程设计合同实施过程中的管理。

【问题】

1. 写出建设工程监理的实施程序。

2. 写出建设工程监理的实施原则。

3. 针对业主方提出的初步委托，指出不妥当的意见，说明理由。

4. 监理工程师在进行工程进度控制时，其主要任务有哪些方面？

案例二

某实行监理的工程，实施过程中发生下列事件：

事件1：建设单位于2005年11月底向中标的监理单位发出监理中标通知书，监理中标价为280万元；建设单位与监理单位协商后，于2006年1月10日签订了委托监理合同。监理合同约定：合同价为260万元；因非监理单位原因导致监理服务期延长，每延长一个月增加监理费8万元；监理服务自合同签订之日起开始，服务期26个月。

建设单位通过招标确定了施工单位，并与施工单位签订了施工承包合同，合同约定：开工日期为2006年2月10日，施工总工期为24个月。

事件2：由于吊装作业危险性较大，施工项目部编制了专项施工方案，并送现场监理员签收。吊装作业前，吊车司机使用风速仪检测到风力过大，拒绝进行吊装作业。施工项目经理便安排另一名吊车司机进行吊装作业，监理员发现后立即向专业监理工程师汇报，该专业监理工程师回答说：这是施工单位内部的事情。

事件3：监理员将施工项目部编制的专项施工方案交给总监理工程师后，发现现场吊装作业吊车发生故障。为了不影响进度，施工项目经理调来另一台吊车，该吊车比施工方案确定的吊车吨位稍小，但经安全检测可以使用。监理员立即将此事向总监理工程师汇报，总监理工程师以专项施工方案未经审查批准就实施为由，签发了停止吊装作业的指令。施工项目经理签收暂停令后，仍要求施工人员继续进行吊装。总监理工程师报告了建设单位，建设单位负责人称工期紧迫，要求总监理工程师收回吊装作业暂停令。

事件4：由于施工单位的原因，施工总工期延误5个月，监理服务期达30个月。监理单位要求建设单位增加监理费32万元，而建设单位认为监理服务期延长是施工单位造成的，监理单位对此负有责任，不同意增加监理费。

【问题】

1. 指出事件1中建设单位作法的不妥之处，写出正确作法。

2. 指出事件2中专业监理工程师的不妥之处，写出正确作法。

3. 指出事件2和事件3中施工项目经理在吊装作业中的不妥之处，写出正确作法。

4. 分别指出事件3中建设单位、总监理工程师工作中的不妥之处，写出正确作法。

5. 事件4中，监理单位要求建设单位增加监理费是否合理？说明理由。

案例三

某实施监理的工程项目，监理单位为了使监理工作能够规范化进行，总监理工程师拟以工程项目建设条件、监理合同、施工合同、施工组织设计和各专业监理工程师编制的监理实施细则为依据来编制施工阶段监理规划。

监理规划中规定各监理人员的部分主要职责如下：

1. 总监理工程师职责

（1）审核并确认分包单位资质；

（2）审核签署对外报告；

（3）负责工程计量、签署原始凭证和支付证书；

（4）审定承包单位提交的开工报告、施工组织设计、技术方案等；

（5）签发开工令。

2. 专业监理工程师职责

（1）主持建立监理信息系统，全面负责信息沟通工作；

（2）对所负责控制的目标进行规划，建立实施控制的分系统；

（3）检查确认工序质量，进行检验；

（4）签发停工令、复工令；

（5）实施跟踪检查，及时发现问题，及时报告。

3. 监理员职责

（1）负责检查和检测材料、设备、成品和半成品的质量；

（2）检查施工单位人力、材料、设备、施工机械投入和运行情况，并做好记录；

（3）记好监理日志。

【问题】

1. 监理规划编制依据有何不恰当，为什么？

2. 以上各监理人员主要职责的划分有哪几条不妥，如何调整？

案例四

某工程建设项目，网络计划如图 1-1，网络计划的计划工期为 84 天。

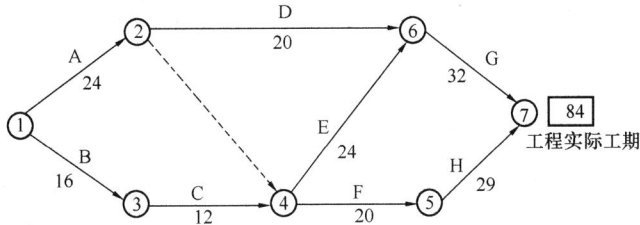

图 1-1　初始网络计划图

在施工过程中，由于业主直接原因、不可抗力因素和施工单位原因，对各项工作的持续时间产生一定的影响，其结果如表 1-1（正数为延长工作天数，负数为缩短工作天数），由于工作的持续时间的变化，网络计划的实际工期为 89 天，如图 1-2。

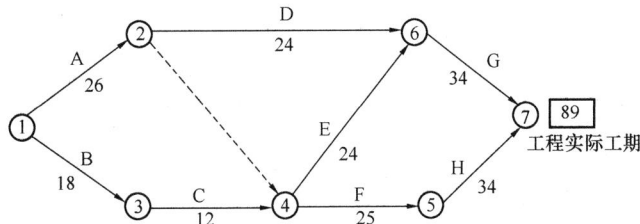

图 1-2　实际网络计划图

	各项工作延长的工作天数				表 1-1
工作代号	业主原因	不可抗力因素	施工单位原因	延续时间延长	延长或缩短一天的经济得失/（元/天）
A	0	2	0	2	600
B	1	0	1	2	800
C	1	0	−1	0	600
D	2	0	2	4	500
E	0	2	−2	0	700
F	3	2	0	5	800
G	0	2	0	2	600
H	3	0	2	5	500
合计	10	8	2	20	

【问题】

1. 监理工程师应签证延长合同工期几天为合理？为什么？（用网络计划图表示）
2. 监理工程师应签证索赔金额多少为合理？
3. 确定网络计划的关键线路。

3

4. 给予施工单位 18 天工期补偿和按实际工程延长合同工期 5 天是否合理？为什么？

案例五

某实施监理的工程项目，业主采用工程量清单招标方式确定了承包人，双方签订了工程施工合同，合同工期为 4 个月，开工时间为 2011 年 4 月 1 日。该项目的主要价款信息及合同付款条款如下：

（1）承包商各月计划完成的分部分项工程费、措施费，见表 1-2。

各月计划完成的分部分项工程费、措施费　　单位：万元　**表 1-2**

月份	4 月	5 月	6 月	7 月
工程费	55	75	90	60
措施费	8	3	3	2

（2）项目措施费为 160000 元，在开工后的前两个月平均支付。

（3）其他项目清单中包括专业工程暂估价和计日工，其中专业工程暂估价为 180000 元，计日工表中包括数量为 100 个工日的某工种用工，承包商填报的综合单价为 120 元/工日。

（4）工程预付款为合同价的 20%，在开工前支付，在最后 2 个月平均扣回。

（5）工程价款逐月支付，经确认的变更金额、索赔金额、专业工程暂估价款、计日金额等与工程进度款同期支付。

（6）业主按承包商每次应结算款项的 90% 支付。

（7）工程竣工验收后结算时，按总造价的 5% 扣留质量保证金。

（8）规费综合费率为 3.55%，税金率为 3.41%。

施工过程中，各月实际完成工程情况如下：

（1）各月均按计划完成计划工程量。

（2）5 月业主确认计日工 35 个工日，6 月业主确认计日工 40 个工日。

（3）6 月业主确认原专业工程暂估价款的实际发生分部分项工程费合计为 80000 元，7 月业主确认原专业工程暂估价款的实际发生分部分项工程费合计为 70000 元。

（4）6 月由于业主设计变更，新增工程量清单中没有的分部分项工程，经业主确认的人工费、材料费、机械费之和为 100000 元，措施费为 10000 元，参照其他分部分项工程量清单项目确认的管理费费率为 10%（以人工费、材料费、机械费之和为计费基础），利润率为 7%（以人工费、材料费、机械费、管理费之和为计费基础）。

（5）6 月因监理工程师要求对已验收合格的某分项工程再次进行质量检验，造成承包商人员窝工费 5000 元，机械闲置费 2000 元，该分项工程施工持续时间延长 1 天（不影响工期）。检验表明该分项工程质量合格。为了提高质量，承包商对尚未施工的后续相关工作调整了模板形式，造成模板费用增加 10000 元。

【问题】

1. 该工程预付款是多少？

2. 每月完成的分部分项工程量价款是多少？承包商的应得工程价款是多少？

3. 若承发包双方已如约履行合同，列式计算 6 月末累计已完成的工程价款和累计已实际支付的工程价款。

案例六

　　某监理公司承担了一体育馆施工阶段（包括施工招标）的监理任务。经过施工招标，业主选定 A 工程公司为中标单位。在施工合同中双方约定，A 工程公司将设备安装、配套工程和桩基工程的施工分别分包给 B、C 和 D 三家专业工程公司，业主负责采购设备。

　　该工程在施工招标和合同履行过程中发生了下述事件：

　　施工招标过程中共有 6 家公司竞标。其中 F 工程公司的投标文件在招标文件要求提交投标文件的截止时间后半小时送达；G 工程公司的投标文件未密封。

【问题】

　　1. 评标委员会是否应该对这两家公司的投标文件进行评审？为什么？

　　2. 桩基工程施工完毕，已按国家有关规定和合同约定作了检测验收。监理工程师对其中 5 号桩的混凝土质量有怀疑，建议业主采用钻孔取样方法进一步检验。D 公司不配合，总监理工程师要求 A 公司给予配合，A 公司以桩基为 D 公司施工为由拒绝。A 公司的作法妥当否？为什么？

　　3. 若桩钻孔取样检验合格，A 公司要求该监理公司承担由此发生的全部费用，赔偿其窝工损失，并顺延所影响的工期。A 公司的要求合理吗？为什么？

　　4. 业主采购的配套工程设备提前进场，A 公司派人参加开箱清点，并向监理工程师提交因此增加的保管费支付申请。监理工程师是否应予以签认？为什么？

　　5. C 公司在配套工程设备安装过程中发现附属工程设备材料库中部分配件丢失，要求业主重新采购供货。C 公司的要求是否合理？为什么？

第一套模拟试卷参考答案、考点分析

案例一

1. 建设工程监理的实施程序：

（1）确定项目总监理工程师，成立项目监理机构。

（2）编制建设工程监理规划。

（3）制订各专业监理实施细则。

（4）规范化地开展监理工作，主要体现在：工作的时序性；职责分工的严密性；工作目标的确定性。

（5）参与验收，签署建设工程监理意见。

（6）向业主提交建设工程监理档案资料。

（7）监理工作总结。

2. 监理单位受业主委托对建设工程实施监理时，应遵守以下基本原则：

（1）公正、独立、自主的原则。

（2）权责一致的原则。

（3）总监理工程师负责制的原则。

（4）严格监理、热情服务的原则。

（5）综合效益的原则。

3.（1）第5条"决定工程设计方案"不妥。

理由：工程项目的方案关系到项目的能力、投资和最终效益，故设计方案的最终确定应由业主决定，监理工程师可以通过组织专家进行综合评审，提出推荐意见，说明优缺点，由业主决策。

（2）第9条"签订工程设计合同"不妥。

理由：工程设计合同应由业主与设计单位签订，监理工程师可以通过设计招标，协助业主择优选择设计单位，提出推荐意见，协助业主起草设计委托合同，但不能替代业主签订设计合同，设计合同的甲方——业主作为当事人一方承担合同中甲方的债、权、利，监理工程师代替不了。

4. 主要任务包括：完善建设工程控制性进度计划、审查施工单位施工进度计划、做好各项动态控制工作、协调各单位关系、预防并处理好工期索赔，以求实际施工进度达到计划施工进度的要求。

案例二

1. 事件1中建设单位的不妥之处以及正确做法如下：

（1）不妥之处：建设单位与监理单位经协商后确定合同价为260万元。

正确做法：应以中标价280万元作为合同价。

（2）不妥之处：建设单位与监理单位协商后于2006年1月10日签订委托监理合同。

正确做法：应在中标通知书发出后的30天内（即2005年12月底）订立书面合同。

2. 事件2中专业监理工程师的不妥之处：对违章进行吊装作业置之不理。

正确做法：专业监理工程师应及时下达监理工程师通知，要求停止吊装作业。

3.（1）事件2中项目经理在吊装作业中的不妥之处：在风力过大的情况下安排吊式起重机驾驶员进行吊装作业。

正确做法：不应安排吊装作业。

（2）事件3中项目经理在吊装作业中的不妥之处：在未经审核批准专项施工方案的前提下，要求施工人员进行吊装作业。

正确做法：专项施工方案经施工单位技术负责人、总监理工程师签字后才可进行吊装作业。

4.（1）事件3中建设单位的不妥之处：要求总监理工程师收回吊装作业暂停令。

正确做法：不应该要求收回暂停令。

（2）事件3中总监理工程师的不妥之处：没有及时将吊装作业情况报告建设单位。

正确做法：总监理工程师在发出暂停施工指令时应及时报告建设单位。

5.事件4中，监理单位要求建设单位增加监理费是合理的。

理由：监理单位是受建设单位的委托，对施工单位进行监督管理。监理单位与建设单位有合同关系，而与施工单位并没有合同关系，由于建设单位与施工单位存在合同关系，对监理单位而言，因施工单位的原因造成监理服务期延长的责任应由建设单位承担。

案例三

1. 监理规划编制依据中不恰当之处是：监理规划编制依据中不应包括施工组织设计和监理实施细则。因为施工组织设计是由施工单位（或承包单位）编制的指导施工的文件；监理实施细则是根据监理规划编制的。

2. 各监理人员职责划分中的不妥之处有：

（1）总监理工程师职责中的第③条不妥。第③条中的"工程计量、签署原始凭证"应是监理员职责。

（2）专业监理工程师职责中的第①、③、④、⑤条不妥。第③、⑤条应是监理员的职责；第①、④条应是总监理工程师的职责。

（3）监理员职责中第①条不妥，第①条应该是属于专业监理工程师的职责。

案例四

1. 由非施工单位原因造成的工期延长应给予延期，如图1-3所示：

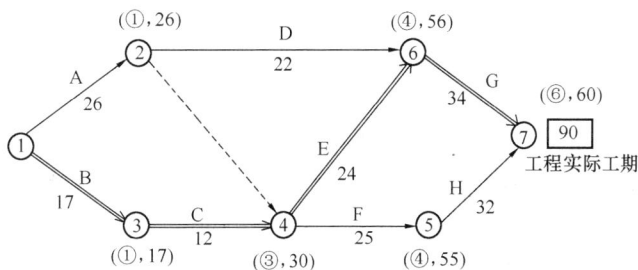

图1-3 标号法实际网络计划图

应签证顺延的工期为 90－84＝6（天）。

2. 只考虑因业主直接原因所造成的经济损失部分：

7

$800+600+2×500+3×800+3×500=6300$（元）

3. 初始网络计划图关键线路是 B→C→E→G 或 ①→③→④→⑥→⑦。

实际网络计划图关键线路是 B→C→F→H 或 ①→③→④→⑤→⑦。

4.（1）给予施工单位 18 天工期补偿不合理。

理由：因业主原因和不可抗力因素对工作持续时间的影响并不都在关键线路上。

（2）要求顺延工期 5 天也不合理。

理由：因其中包含了施工单位自身原因所造成的工作持续时间的延长和缩短。

案例五

1. 该工程分部分项工程费：$55+75+90+60=280$(万元)。

该工程项目措施费：16 万元。

该工程其他项目费：$18+100×0.012=19.2$(万元)。

该工程合同价：$(280+16+19.2)×(1+3.55\%)×(1+3.41\%)=337.52$(万元)。

该工程预付款：$337.52×20\%=67.50$(万元)。

2. 4 月完成的分部分项工程量价款：$55×(1+3.55\%)×(1+3.41\%)=58.89$(万元)。

4 月承包商应得工程价款：$(55+16/2)×(1+3.55\%)×(1+3.41\%)×90\%=60.71$(万元)。

5 月完成的分部分项工程量价款：$75×(1+3.55\%)×(1+3.41\%)=80.31$(万元)。

5 月承包商应得工程价款：$(75+16/2+35×0.012)×(1+3.55\%)×(1+3.41\%)×90\%=80.39$(万元)。

6 月完成的分部分项工程量价款：$[90+10×(1+10\%)×(1+7\%)]×(1+3.55\%)×(1+3.41\%)=108.98$(万元)。

6 月承包商应得工程价款：$[90+8+(10+1)×(1+10\%)×(1+7\%)+40×0.012+0.5+0.2]×(1+3.55\%)×(1+3.41\%)×90\%-67.50/2=74.31$(万元)。

7 月完成的分部分项工程量价款：$60×(1+3.55\%)×(1+3.41\%)=64.25$(万元)。

7 月承包商应得工程价款：$(60+7)×(1+3.55\%)×(1+3.41\%)×90\%-67.50/2=30.82$(万元)。

3. 6 月末累计已完成的工程价款：$[55+75+90+8+3+3+35×0.012+40×0.012+8+(10+1)×(1+10\%)×(1+7\%)+0.5+0.2]×(1+3.55\%)×(1+3.41\%)=274.71$(万元)。

累计已实际支付的工程价款：$60.71+80.39+74.31+67.50=282.91$(万元)。

案例六

1.（1）评标委员会对 F 工程公司的投标文件不予评审。

理由：按照招标投标法的规定，对于超过招标文件要求的提交投标文件的截止时间的投标文件，即逾期送达的投标文件视为废标，应予拒收。

（2）评标委员会对 G 工程公司的投标文件不予评审。

理由：按照招标投标法的规定，在开标时，如果发现投标文件未按照招标文件的要求予以密封，则作为无效投标文件，不再进入评标。

2. A 公司的做法不妥。

理由：根据建设工程施工合同管理中对于工程分包的有关规定，工程分包不能解除承包人对发包人应承担在该工程部位施工的合同义务。因此总承包单位应承担连带责任。本题中 A 公司与 D 公司是总包与分包的关系，A 公司对 D 公司的施工质量问题承担连带责任，故 A 公司有责任配合监理工程师的检验要求。

3. A 公司的要求不合理。

理由：索赔的关键要看双方有没有合同关系。施工单位与建设单位有合同关系，与监理单位没有合同关系。因此，施工单位所受的损失不应由监理单位承担，应由建设单位承担由此发生的全部费用，并顺延所影响的工期；建设单位的损失再和监理单位商议解决。

4. 监理工程师应该予以签认。

理由：根据建设工程施工合同管理中关于材料设备的到货检验的有关规定，对于发包人供应的材料设备，若到货时间早于合同约定时间，发包人承担由此发生的保管费用。所以业主供应的材料设备提前进场，导致保管费用增加，属于发包人责任，应由业主承担由此发生的保管费用。

5. C 公司的要求不合理。

理由：一方面，C 公司作为分包单位，根据建设工程施工合同中关于分包工程的管理规定，分包单位与业主之间没有合同关系，只能够向承包单位提出要求，不应直接向业主提出采购要求；另一方面，根据建设工程施工合同管理中关于材料设备的到货检验的有关规定，对于发包人供应的材料设备，经清点移交后，交承包人保管，因承包人的原因发生损坏丢失，由承包人负责赔偿。

第二套模拟试卷

案例一

某实施监理的工程，建设单位与甲施工单位签订了施工总承包合同，并委托一家监理单位实施施工阶段的监理。经建设单位同意，甲施工单位将工程划分为A1、A2标段，并将A2标段分包给乙施工单位：根据监理工作需要，监理单位设立了投资控制组、进度控制组、质量控制组、安全管理组、合同管理组和信息管理组六个职能管理部门，同时设立了A1和A2两个标段的项目监理组，并按专业分别设置了若干专业监理小组，组成直线职能制项目监理组织机构。

为有效地开展监理工作，总监理工程师安排项目监理组负责人分别主持编制A1、A2标段两个监理规划。总监理工程师要求：①六个职能部门根据A1、A2标段的特点，直接对A1、A2标段的施工单位进行监理；②在施工过程中，A1标段出现的质量隐患由A1标段项目监理组的专业监理工程师直接通知甲施工单位整改，A2标段出现的质量隐患由A2标段项目监理组的专业监理工程师直接通知乙施工单位整改，如未整改，则由相应标段项目监理负责人签发工程暂停令要求停工整改。总监理工程师主持召开了第一次工地会议。会后，总监理工程师对监理规划审核批准后报送建设单位。

在报送的监理规划中，项目监理人员的部分职责分工如下：

（1）投资控制组负责人审核工程款支付申请，并签发工程款支付证书，但竣工结算须由总监理工程师签认。

（2）合同管理组负责调解建设单位与施工单位的合同争议、处理工程索赔。

（3）进度控制组负责审查施工进度计划及其执行情况，并由该组负责人审批工程延期。

（4）质量控制组负责人审批项目监理实施细则。

（5）A1、A2两个标段项目监理组负责人分别组织、指导、检查和监督本标段监理人员的工作，及时调换不称职的监理人员。

【问题】

1. 绘制监理单位设置的项目监理机构的组织机构图，说明其缺点。
2. 指出总监理工程师工作中的不妥之处，写出正确做法。
3. 指出项目监理人员职责分工中的不妥之处，写出正确做法。

案例二

某工程，建设单位与施工总包单位按《建设工程施工合同（示范文本）》签订了施工合同。工程实施过程中发生如下事件。

事件1：主体结构施工时，建设单位收到用于工程的商品混凝土不合格的举报，立刻指令施工总包单位暂停施工。经检测鉴定单位对商品混凝土的抽样检验及混凝土实体质量抽芯检测，质量符合要求。为此，施工总包单位向项目监理机构提交了暂停施工后人员窝工及机械闲置的费用索赔申请。

事件2：施工总包单位按施工合同约定，将装饰工程分包给甲装饰分包单位。在装饰工程施工中，项目监理机构发现工程部分区域的装饰工程由乙装饰分包单位施工。经查实，施工总包单位为按时完工，擅自将部分装饰工程分包给乙装饰分包单位。

事件3：室内空调管道安装工程隐蔽前，施工总包单位进行了自检，并在约定的时限内按程序书面通知项目监理机构验收。项目监理机构在验收前6小时通知施工总包单位因故不能到场验收，施工总包单位自行组织了验收，并将验收记录送交项目监理机构，随后进行工程隐蔽，进入下道工序施工。总监理工程师以"未经项目监理机构验收"为由下达了《工程暂停令》。

事件4：工程保修期内，建设单位为使用方便，直接委托甲装饰分包单位对地下室进行了重新装修，在没有设计图纸的情况下，应建设单位要求，甲装饰分包单位在地下室承重结构墙上开设了两个1800mm×2000mm的门洞，造成一层楼面有多处裂缝，且地下室有严重渗水。

【问题】

1. 事件1中，建设单位的做法是否妥当？项目监理机构是否应批准施工总包单位的索赔申请？分别说明理由。

2. 写出项目监理机构对事件2的处理程序。

3. 事件3中，施工总包单位和总监理工程师的做法是否妥当，分别说明理由。

4. 对于事件4中发生的质量问题的建设单位、监理单位、施工总包单位和甲装饰分包单位是否应承担责任？分别说明理由。

案例三

某工程在施工设计图纸没有完成前，业主通过招标选择了一家总承包单位承包该工程的施工任务。由于设计工作尚未完成，承包范围内待实施的工程虽性质明确，但工程量还难以确定，双方商定拟采用固定总价合同形式签订施工合同，以减少双方的风险。施工合同签订前，业主委托了一家监理单位协助业主签订施工合同和进行施工阶段监理。监理工程师查看了业主（甲方）和施工单位（乙方）草拟的施工合同条件，发现合同中有以下一些条款：

（1）乙方按监理工程师批准的施工组织设计（或施工方案）组织施工，乙方不应承担因此引起的工期延误和费用增加的责任。

（2）甲方向乙方提供施工场地的工程地质和地下主要管线资料，供乙方参考使用。

（3）乙方不能将工程转包，但允许分包，也允许分包单位将分包的工程再次分包给其他施工单位。

（4）监理工程师应当对乙方提交的施工组织设计进行审批或提出修改意见。

（5）无论监理工程师是否参加隐蔽工程的验收，当其提出对已经隐蔽的工程重新检验的要求时，乙方应按要求进行剥露，并在检验合格后重新进行覆盖或者修复。检验如果合格，甲方承担由此发生的经济支出，赔偿乙方的损失并相应顺延工期。检验如果不合格，乙方则应承担发生的费用，工期不予顺延。

（6）乙方按协议条款约定时间应向监理工程师提交实际完成工程量的报告。监理工程师在接到报告7天内按乙方提供的实际完成的工程量报告核实工程量（计量），并在计量24小时前通知乙方。

在施工过程中，发生了不可抗力事件，不可抗力事件结束后，承包商向监理工程师提交了索赔报告。

【问题】

1. 业主与施工单位选择的固定总价合同形式是否恰当？固定总价合同的适用条件是什么？

2. 请逐条指出以上合同条款中的不妥之处，应如何改正？

3. 若检验工程质量不合格，你认为影响工程质量的主要因素有哪些？

4. 不可抗力事件风险责任的承担原则是什么？

案例四

某施工单位承建一住宅楼小区工程的施工。该工程其中一个单体栋号（5号楼）建筑面积为15720m²，地下二层，地上十二（局部十七）层。建筑物占地面积为741.3m²。东西向长80.26m，南北向宽18.76m。基底相对标高为−5.895m，+0.000相对标高为55.15m。

在施工前，施工单位编制了各分部分项工程施工方案，其中包括《××住宅楼小区4号楼土方开挖施工方案》。

在该施工方案中确定的工期计划及施工机具计划见表2-1。土方开挖工期8天。

施工机具计划表　　　　　　　　　　　　　　　　　表2-1

名　称	型号规格	数　量	单　位
反铲挖土机	W-100	1	台
自卸汽车	15T	12	辆
打夯机	蛙式	3	台
铁锹		30	把
手推车		10	辆

1. 施工步骤及方法说明

（1）开挖前应对施工现场地上障碍物和地下有关影响施工的各种管网清除和处理完毕。

（2）根据开挖图，测量员撒好开挖上口灰线，测定地表标高，确定开挖深度。采用放坡大开挖法进行施工，按1∶1进行放坡。

（3）整个基坑呈长方形，先挖第一步表面渣土，第二步用挖土机一次挖至基底标高上30cm，再人工清土至基底标高，基底须清理平整。清理时由测量人员钉木桩，拉通线检查槽底平面尺寸和标高。

（4）按公司文明施工现场安全防护要求，对基坑上口边缘设1.2m高防护栏杆，栏杆内挂密目网。

（5）进行第二步土方开挖时，马道留在基坑西南角，宽4m，坡度宜缓，满足运土车爬坡要求。从西向东进行土方施工。

（6）基坑全部开挖后，应尽快进行垫层施工，尽量避免扰动基底。

（7）基坑四周安全范围内无建筑物，故对边坡不加支撑，边坡上方也不得堆放土方和材料。

（8）为防止现场和道路起尘污染环境，每班配备专用的水管在现场洒水。

2. 施工顺序

（1）根据现场实际情况，机械挖土顺序为由西向东开挖，为防止挖掘过程中扰动老土，机械挖土时坑底预留30cm左右用人工挖土至设计标高。

（2）施工分层，根据基槽开挖深度、土质水位等情况确定分两层开挖，第一层为从自然地平至−3.0，第二层为−3.0至设计标高以上30cm。

在土方开挖施工完毕后，施工单位、设计单位、勘察单位、监理单位和建设单位等相关单位的项目和生产负责人共赴现场，在项目经理的组织下进行了基坑验槽。

在基坑验槽过程中，各方对基坑的各个重点位置进行了重点观察，未发现异常。最终，此次基坑验槽合格通过。

该栋号施工至地上三层时，施工单位又进行了土方回填的工作。

【问题】

1. 土方开挖施工质量控制的要点是什么？

2. 文中所述的基坑验槽工作有何不妥之处？

3. 该施工单位进行土方回填工作的时候应当把握哪些施工质量控制要点？

案例五

某建设单位和施工单位按照《建设工程施工合同》（示范文本）签订了施工合同，合同中约定：建筑材料由建设单位提供；由于非施工单位原因造成的停工，机械补偿费为200元/台班，人工补偿费为50元/工日；总工期为120天；竣工时间提前奖励金额为3000元/天，误期损失赔偿费为5000元/天。经项目监理机构批准的施工进度计划如图2-1所示。

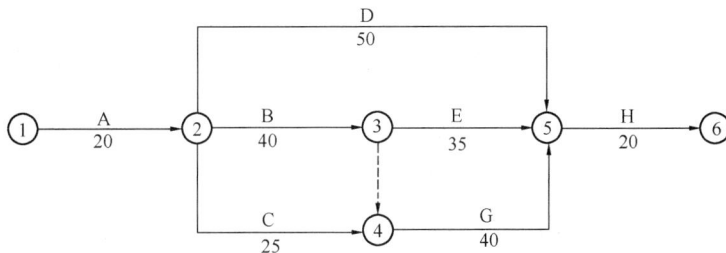

图2-1 施工进度计划（单位：天）

施工过程中发生如下事件：

事件1：工程进行中，建设单位要求施工单位对某一构件做破坏性试验，以验证设计参数的正确性。该试验需修建两间临时试验用房，施工单位提出建设单位应该支付该项试验费用和试验用房修建费用。建设单位认为，该试验费用属建筑安装工程检验试验费，试验用房修建费属建筑安装工程措施费中的临时设施费，该两项费用已包含在施工合同价中。

事件 2：建设单位提供的建筑材料经施工单位清点入库后，在专业监理工程师的见证下进行了检验，检验结果合格。其后，施工单位提出，建设单位应支付建筑材料的保管费和检验费；

由于建筑材料需要进行二次搬运，建设单位还应支付该批材料的二次搬运费。

事件 3：①由于建设单位要求对 B 工作的施工图纸进行修改，致使 B 工作停工 3 天（每停一天影响 30 工日，10 台班）；②由于机械租赁单位调度的原因，施工机械未能按时进场，使 C 工作的施工暂停 5 天（每停一天影响 40 工日，10 台班）；③由于建设单位负责供应的材料未能按计划到场，E 工作停工 6 天（每停一天影响 20 工日，5 台班）。施工单位就上述三种情况按正常的程序向项目监理机构提出了延长工期和补偿停工损失的要求。

事件 4：在工程竣工验收时，为了鉴定某个关键构件的质量，总监理工程师建议采用试验方法进行检验，施工单位要求建设单位承担该项试验的费用。

该工程的实际工期为 122 天。

【问题】

1. 事件 1 中建设单位的说法是否正确？为什么？

2. 逐项回答事件 2 中施工单位的要求是否合理，说明理由。

3. 逐项说明事件 3 中项目监理机构是否应批准施工单位提出的索赔要求，说明理由并给出审批结果。（写出计算过程）

4. 事件 4 中试验检验费用应由谁承担？

5. 分析施工单位是应该获得工期提前奖励，还是应该支付误期损失赔偿费，金额是多少？

案例六

2011 年 10 月 2 日，某市穿越江底隧道的旁通道，发生大量流砂涌入，引起隧道受损及周边地区地面沉降，造成三幢建筑物严重倾斜及部分防汛墙沉陷，造成直接经济损失 1.6 亿元。因事故处理及时未造成人员伤亡。该工程建设单位为某市地铁建设有限公司，施工总承包单位为某市隧道工程股份有限公司（以下简称隧道公司）。隧道公司将该部分工程中的隧道中间风井、旋喷加固、旁通道、垂直通道、冻结加固及风道结构工程分包给某矿山工程公司，某市地铁监理公司负责监理。

经调查，造成事故的原因是：分包商某矿山工程公司指定的"冻结法施工方案"存在缺陷，施工过程中在旁通道冻结条件不太充分的情况下进行开挖；地铁监理公司现场监理人员失职，发生事故时，现场没有监理人员；分包项目存在漏洞，总包单位也未就施工方案向分包公司作说明，隧道公司质量安全员一次也没有去施工作业面进行技术、质量检查。

【问题】

1. 承包商主要负责人对承包商安全生产的主要职责是什么？

2. 承包商的项目负责人对施工项目安全生产的主要职责是什么？

3. 总承包商和分包商之间的安全生产职责关系是什么？该工程项目的安全事故责任由谁承担主要责任？

4. 该事故的发生和施工的特殊性是有着密切关系的，对于这些特殊工程，为了保证安全需要，根据《建设工程安全生产管理条例》规定，应当有哪些特殊要求？

5. 总承包单位项目经理部进行安全技术交底时，必须要做到哪些要求？安全技术交底的内容包括哪些？

第二套模拟试卷参考答案、考点分析

案例一

1.（1）监理单位设置的项目监理机构的组织机构图，如图 2-2 所示。

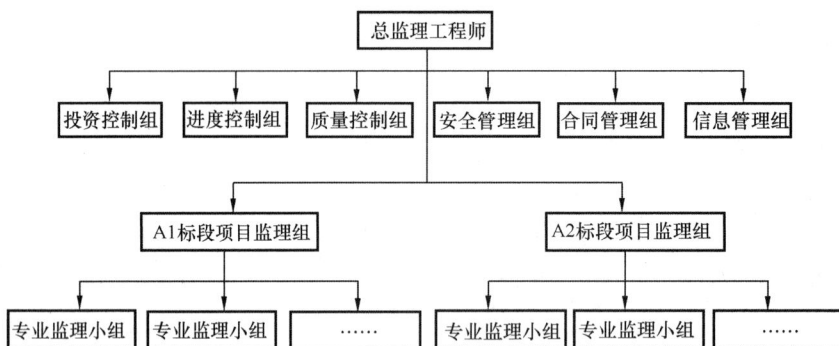

图 2-2　项目监理机构的组织机构图

（2）项目监理机构的缺点：职能部门与指挥部门易产生矛盾，信息传递路线长，不利于互通情报。

2. 总监理工程师工作中的不妥之处及正确做法：

（1）不妥之处：总监理工程师安排项目监理组负责人分别主持编制 A1、A2 标段两个监理规划。

正确做法：A1、A2 标段两个监理规划应由总监理工程师主持编制。

（2）不妥之处：总监理工程师要求六个职能部门根据 A1、A2 标段的特点，直接对 A1、A2 标段的施工单位进行监理。

正确做法：A1 和 A2 两个标段的项目监理组直接对 A1、A2 标段的施工单位进行监理。

（3）不妥之处：由相应标段项目监理负责人签发工程暂停令要求停工整改。

正确做法：工程暂停令应由总监理工程师签发。

（4）不妥之处：总监理工程师主持召开了第一次工地会议。

正确做法：应由建设单位主持召开第一次工地会议。

（5）不妥之处：第一次工地会议后，总监理工程师对监理规划审核批准后报送建设单位。

正确做法：监理规划应在签订委托监理合同及收到设计文件后开始编制，完成后必须经监理单位技术负责人审核批准，并应在召开第一次工地会议前报送建设单位。

3. 项目监理人员职责分工中的不妥之处及正确做法：

（1）不妥之处：投资控制组负责人审核工程款支付申请，并签发工程款支付证书。

正确做法：应由总监理工程师审核工程款支付申请，并签发工程款支付证书。

（2）不妥之处：合同管理组负责调解建设单位与施工单位的合同争议，处理工程

16

索赔。

正确做法：应由总监理工程师负责调解建设单位与施工单位的合同争议，处理工程索赔。

（3）不妥之处：进度控制组负责人审批工程延期。

正确做法：应由总监理工程师负责审批工程延期。

（4）不妥之处：质量控制组负责人审批项目监理实施细则。

正确做法：应由总监理工程师负责审批项目监理实施细则。

（5）不妥之处：A1、A2两个阶段项目监理组负责人及时调换不称职的监理人员。

正确做法：应由总监理工程师负责调换不称职的监理人员。

案例二

1. 建设单位的做法不妥。理由：根据《监理规范》规定，建设单位与承包单位之间与建设工程有关的联系活动应通过监理单位进行，故建设单位受到举报后，应通过总监理工程师下达《工程暂停令》。

项目监理机构应批准施工总包单位的索赔申请。理由：根据合同通用条款关于暂停施工的相关规定，因发包人原因造成停工的，由发包人承担所发生的追加合同价款赔偿承包人由此造成的损失，相应顺延工期。

2. 项目监理机构对事件2的处理程序：

（1）签发《工程暂停令》，停止相应装修工程施工，并向业主报告。

（2）要求施工总包方提供乙装饰分包单位资质材料。如符合要求准许继续施工，否则责令退场。

（3）对已做装修部位的工程质量请有资质的法定检测单位鉴定，合格的予以验收，不合格的予以处理。

（4）因工程暂停引起的与工期、费用等有关的问题，由施工总包方承担。

（5）具备恢复施工条件时，施工总包方申请，总监审核并下达《工程复工令》。

（6）将处理结果向业主报告。

3. 施工总包单位的做法是妥当的。理由：施工总包单位进行了自检并在约定的时限内按程序书面通知项目监理机构验收；工程师未能在验收前24小时提出延期要求，不进行验收，承包人可自行组织验收，工程师应承认验收记录。

总监理工程师的做法不妥当。理由：项目监理机构在验收前6小时通知施工总包单位因故不能到场验收不符合规定，如果项目监理机构不能按时进行验收，应在验收前24小时以书面形式向承包人提出延期要求。

4. 建设单位应承担责任。理由：建设单位在没有设计图纸下，不能要求甲装饰分包单位施工；在装修过程中，不得擅自变动房屋建筑主体和承重结构。

监理单位不应承担责任。理由："工程保修期"已不属于委托监理合同的有效期。即不在监理人的责任期，监理单位不应承担责任。

施工总包单位不承担责任。理由：建设单位直接委托甲装饰分包单位对地下室进行了重新装修。属重新签订的地下室装饰合同，与原先的总承包单位没有关系。

甲装饰分包单位应承担责任。理由：甲装饰分包单位对其施工的施工质量负责。

案例三

1. 使用固定总价合同形式不恰当。

固定总价合同的适用条件一般为：

（1）招标时的设计深度已达到施工图设计要求，工程设计图纸完整齐全，项目范围及工程量计算依据确切，合同履行过程中不会出现较大的设计变更，承包方依据的报价工程量与实际完成的工程量不会有较大的差异。

（2）规模较小，技术不太复杂的中小型工程，承包方一般在报价时可以合理地预见到实施过程中可能遇到的各种风险。

（3）合同工期较短，一般为工期在1年之内的工程。

2. 不妥之处（1）：乙方不应承担因此引起的工期延误和费用增加的责任。改正：乙方按监理工程师批准的施工组织设计（或施工方案）组织施工，不应承担非自身原因引起的工期延误和费用增加的责任。

不妥之处（2）：供乙方参考使用。改正：保证资料（数据）真实、准确，作为乙方现场施工的依据。

不妥之处（3）：也允许分包单位将分包工程再次分包给其他施工单位。改正：不允许分包单位再次分包。

不妥之处（4）：监理工程师应当对乙方提交的施工组织设计进行审批或提出修改意见。改正：乙方应向监理工程师提交施工组织设计，供其审批或提出修改意见（或监理工程师职责不应出现在施工合同中）。

不妥之处（5）：监理工程师按乙方提供的实际完成的工程量报告核实工程量（计量）。改正：监理工程师应按设计图纸对已完工程量进行计量。

3. 影响工程质量的主要因素有：

（1）人员的素质；

（2）工程材料；

（3）机械设备；

（4）工艺方法、操作方法和施工方案；

（5）技术环境、作业环境、管理环境等。

4. 不可抗力风险承担责任的原则如下：

（1）工程本身的损害、因工程损害导致第三方人员和财产损失以及运至施工场地用于施工的材料和待安装的设备的损害，由发包人承担。

（2）承发包双方人员伤亡损失，分别由各自负责。

（3）承包人机械设备损坏及停工损失，由承包人承担。

（4）停工期间，承包人应工程师要求留在施工场地的必要的管理及保卫人员的费用由发包人承担。

（5）工程所需清理、修复费用，由发包人承担。

（6）延误的工期相应顺延。

案例四

1. 土方开挖施工质量控制的要点主要有：检查挖土的标高、放坡、边坡稳定状况、排水、土质等。具体包括：

（1）核对基坑位置、平面尺寸、坑底标高是否满足基础图设计和施工组织设计的要求，并检查边坡稳定状况，确保边坡安全。

（2）核对基坑土质和地下水情况是否满足地质勘察报告和设计要求。

（3）核对有无破坏原状土结构或发生较大土质扰动的现象。

（4）用钎探法或轻型动力触探法等检查基坑是否存在软弱下卧层及空穴、古墓、古井、防空掩体、地下埋设物等及其相应的位置、深度、形状。

2. 文中所述的基坑验槽工作有两处不妥：

（1）文中所述"在项目经理的组织下进行了基坑验槽"不妥。基坑验槽，应当由总监理工程师或建设单位项目负责人组织。

（2）文中所述"施工单位、设计单位、勘察单位、监理单位和建设单位等相关单位的项目和生产负责人共赴现场"不妥。基坑验槽的工作应当由各单位项目和技术质量负责人参加。

3. 施工单位进行土方回填工作的时候应当把握的施工质量控制要点包括：

（1）回填土的材料符合设计和规范的规定。

（2）填土施工过程中，应检查排水措施、每层填筑厚度、回填土的含水量控制和压实程序等满足规定要求。

（3）基坑和室内的回填土，在夯实或压实后，要对每层回填土的质量进行检验，满足设计或规范要求。

（4）回填土施工结束后应检查回填土料、标高、边坡坡度、表面平整度、压实程度等是否满足设计或规范要求。

案例五

1. 事件 1 中建设单位的说法不正确。

理由：依据《建筑安装工程费用项目组成》的规定，建筑安装工程费（或试验检验费）中不包括构件破坏性试验费，建筑安装工程措施费中的临时设施费不包括试验用房修建费用。

2. 对事件 2 中施工单位的要求是否合理的判断及理由如下。

（1）施工单位要求建设单位支付保管费合理。

理由：依据《建设工程施工合同》（示范文本）的规定，建设单位提供的材料，施工单位负责保管，建设单位支付相应的保管费用。

（2）施工单位要求建设单位支付检验费合理。

理由：依据《建设工程施工合同》（示范文本）的规定，建设单位提供的材料，由施工单位负责检验，建设单位承担检验费用。

（3）施工单位要求建设单位支付二次搬运费不合理。

理由：二次搬运费已包含在建筑安装工程费用中的措施费（或直接费）中。

3. 对事件 3 中项目监理机构是否应批准施工单位提出的索赔要求的判断如下：

如图 2-3 所示，粗实线表示关键线路；经分析可知，E 工作有 5 天总时差。

（1）B 工作停工 3 天，应批准工期延长 3 天［因属于建设单位原因（或因属于非施工单位原因）且工作处于关键线路上］；费用可以索赔。

应补偿停工损失＝3×30×50＋3×10×200＝10500（元）。

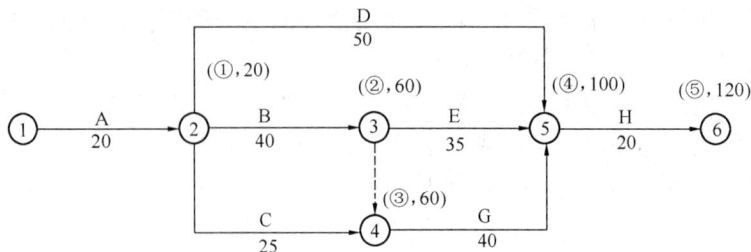

图 2-3　标号法确定施工进度计划的关键线路（单位：天）

（2）C 工作停工 5 天，工期索赔不予批准，停工损失不予补偿，因属于施工单位原因。

（3）E 工作停工 6 天，应批准工期延长 1 天（该停工属于建设单位原因所造成，但 E 工作有 5 天总时差，停工使总工期延长了 1 天）；费用可以索赔。

应补偿停工损失 $= 6 \times 20 \times 50 + 6 \times 5 \times 200 = 12000$（元）。

4. 事件 4 中，若构件质量检验合格，由建设单位承担试验检验费用；若构件质量检验不合格，由施工单位承担试验检验费用。

5. 由于非施工单位原因使 B 工作和 E 工作停工，造成总工期延长 4 天，工期提前了 $120 + 4 - 122 = 2$（天），施工单位应获得工期提前的奖励，应得金额 $= 2 \times 3000 = 6000$（元）。

案例六

1. 根据《建设工程安全生产管理条例》的有关规定，承包商主要负责人对承包商安全生产的主要职责如下：

（1）建立健全安全生产责任制度和安全生产教育培训制度。

（2）制定安全生产规章制度和操作规程。

（3）保证本单位安全生产条件所需资金的投入。

（4）对所承担的建设工程进行定期和专项安全检查，并做好安全检查记录。

2. 根据《建设工程安全生产管理条例》的有关规定，承包商的项目负责人对施工项目安全生产的主要职责如下：

（1）落实安全生产责任制度。

（2）落实安全生产规章制度和操作规程。

（3）确保安全生产费用的有效使用。

（4）根据工程的特点组织制定安全施工措施，消除安全事故隐患。

（5）及时、如实报告生产安全事故。

3.（1）根据《中华人民共和国建筑法》及《建设工程安全生产管理条例》的有关规定，总承包商和分包商之间的安全生产责任关系如下：

①建设工程实行施工总承包的，由总承包单位对施工现场的安全生产负总责。

②总承包单位依法将建设工程分包给其他单位的，分包合同中应当明确各自的安全生产方面的权利、义务，总承包单位和分包单位对分包工程的安全生产承担连带责任。

③分包单位应当服从总承包单位的安全生产管理，分包单位不服从管理导致生产安全事故的，由分包单位承担主要责任。

（2）该工程项目中总包单位未就施工方案向分包公司进行说明，是总包单位没有尽到自己的职责，应当由总包单位承担责任。

4.（1）根据《建设工程安全生产管理条例》的有关规定，该建设项目施工安全的特殊要求有：承包商应当对分部分项工程编制专项施工方案，附上安全验算结果，经承包商技术负责人、总监理工程师签字后实施，由专职安全生产管理人员进行现场监督。

5. 根据《建设工程安全生产管理条例》的有关规定，建设工程施工前，承包商负责项目管理的技术人员应当对有关安全施工的技术要求向施工作业班组、作业人员作出详细说明，并由双方签字认可。

（1）安全技术交底的基本要求如下：

①项目经理部必须实行逐级安全技术交底制度，纵向延伸到班组全体作业人员。

②技术交底必须具体、明确、针对性强。

③技术交底的内容应针对分部分项工程施工中给作业人员带来的潜在危害和存在的问题。

④应优先采用新的安全技术措施。

⑤应将工程概况、施工方法、施工程序、安全技术措施等向工长、班组长进行详细交底。

⑥定期向由两个以上作业队和多工种进行交叉施工的作业队伍进行书面交底。

⑦保持书面安全技术交底签字记录。

（2）安全技术交底主要内容如下：

①本工程项目的施工作业特点和危险点。

②针对危险点的具体预防措施。

③应注意的安全事项。

④相应的安全操作规程和标准。

⑤发生事故后应及时采取的避难和急救措施。

第三套模拟试卷

案例一

某实施监理的工程，建设单位通过公开招标与甲施工单位签订施工总承包合同，依据合同，甲施工单位通过招标将钢结构工程分包给乙施工单位，施工过程中发生了下列事件。

事件1：甲施工单位项目经理安排技术员兼施工现场安全员，并安排其负责编制深基坑支护与降水工程专项施工方案，项目经理对该施工方案进行安全验算后，即组织现场施工，并将施工方案及验算结果报送项目监理机构。

事件2：乙施工单位采购的特殊规格钢板，因供应商未能提供出厂合格证明，乙施工单位按规定要求进行了检验，检验合格后向项目监理机构报验。为了不影响工程进度，总监理工程师要求甲施工单位在监理人员的见证下取样复检，复检结果合格后，同意该批钢板进场使用。

事件3：为满足钢结构吊装施工的需要，甲施工单位向设备租赁公司租用了一台大型塔式起重机，委托一家有相应资质的安装单位进行塔式起重机安装，安装完成后，由甲、乙施工单位对该塔式起重机共同进行验收，验收合格后投入使用，并到有关部门办理登记。

事件4：钢结构工程施工中，专业监理工程师在现场发现乙施工单位使用的高强度螺栓未经报验，存在严重的质量隐患，即向乙施工单位签发了工程暂停令，并报告了总监理工程师。甲施工单位得知后也要求乙施工单位立刻停止整改。乙施工单位为赶工期，边施工边报验，项目监理机构及时报告了有关主管部门。报告发出的当天，发生了因高强度螺栓不符合质量标准导致的钢梁高空坠落事故．造成一人重伤，直接经济损失4.6万元。

【问题】

1. 指出事件1中甲施工单位项目经理做法的不妥之处，写出正确做法。

2. 事件2中，总监理工程师的处理是否妥当？说明理由。

3. 指出事件3中塔式起重机验收中的不妥之处。

4. 指出事件4中专业监理工程师做法的不妥之处，说明理由。

5. 事件4中的质量事故，甲施工单位和乙施工单位各承担什么责任？说明理由。监理单位是否有责任？说明理由。该事故属于哪一类工程质量事故？处理此事故的依据是什么？

案例二

某实施监理的工程，建设单位与甲施工单位按《建设工程施工合同（示范文本）》签订了合同，合同工期2年。经建设单位同意，甲施工单位将其中的专业工程分包给乙施工单位。

工程实施过程中发生以下事件。

事件1：甲施工单位在基础工程施工时发现，现场条件与施工图不符，遂向项目监理机构提出变更申请。总监理工程师指令甲施工单位暂停施工后，立即与设计单位联系，设计单位同意变更，但同时表示无法及时提交变更后的施工图。总监理工程师将此事报告建设单位，建设单位立即要求总监理工程师修改施工图并签署变更文件，交甲施工单位执行。

事件2：专业监理工程师巡视时发现，乙施工单位未按审查后的施工方案施工，存在工程质量、安全事故隐患。总监理工程师分别向甲、乙施工单位发出整改通知，甲、乙施工单位既未整改也未回函答复。

事件3：工程竣工结算时，甲施工单位将事件1中基础工程设计变更所增加的费用列入工程结算申请，总监理工程师以甲施工单位未及时提出变更工程价款为由，拒绝变更基础工程价款。

事件4：工程竣工验收前，项目监理机构根据《建设工程文件归档整理规范》（GB/T 50328—2001）的要求整理、归档资料，其中包括以下内容：

（1）工程开工审批表。

（2）图纸会审会议纪要。

（3）分包单位资格材料。

（4）工程质量事故报告及处理意见。

（5）工程费用索赔报告。

【问题】

1. 分别指出事件1中总监理工程师和建设单位做法的不妥之处。写出该变更的正确处理程序。

2. 事件2中，总监理工程师分别向甲、乙施工单位发出整改通知是否正确？分别说明理由。在发出整改通知后，甲、乙施工单位既未整改也未回函答复，总监理工程师应采取什么措施？

3. 事件3中，总监理工程师的做法是否正确？说明理由。

4. 事件4中，哪些应向建设单位移交、哪些不移交？哪些由监理单位保存、哪些不保存？

案例三

星河大厦建设工程项目的业主与某监理公司和某建筑工程公司分别签订了建设工程施工阶段委托监理合同和建设工程施工合同。为了能及时掌握准确、完整的信息，以便依靠有效的信息对该建设工程的质量、进度、投资实施最佳控制，项目总监理工程师召集了有关监理人员专门讨论了如何加强监理文件档案资料的管理问题，涉及有关监理文件档案资料管理的意义、内容和组织等方面的问题。

【问题】

1. 你认为对监理文件档案资料进行科学管理的意义何在？

2. 监理文件档案资料管理的主要内容是哪些？

3. 施工阶段监理工作的基本表式的种类和用途如何？

4. 在监理内部和监理外部，工程建设监理文件和档案的传递流程如何？

案例四

某工程，建设单位与施工单位按照《建设工程施工合同》（示范文本）签订了施工承包合同。合同约定：工期6个月；A、B工作所用的材料由建设单位采购；合同价款采用以直接费为计算基础的全费用综合单价计价；施工期间若遇物价上涨，只对钢材、水泥和集料的价格进行调整，调整依据为工程造价管理部门公布的材料价格指数。招标文件中的工程量清单所列各项工作的估算工程量和施工单位的报价如表3-1所示，该工程的各项工作按最早开始时间安排，按月匀速施工，经总监理工程师批准的施工进度计划如图3-1所示。

估算工程量和报价 表3-1

工作	A	B	C	D	E	F	G
估算工程量/m³	2500	3000	4500	2200	2300	2500	2000
报价/（元/m³）	100	150	120	180	100	150	200

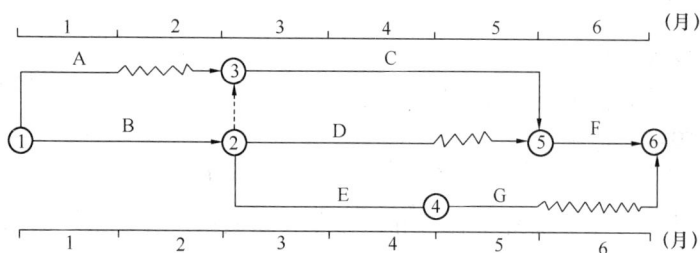

图3-1 施工进度计划（单位：月）

在施工过程中发生如下事件。

事件1：施工单位有两台大型机械设备需要进场，施工单位提出应由建设单位支付其进场费，但建设单位不同意另行支付。

事件2：建设单位提供的材料运抵现场后，项目监理机构要求施工单位及时送检，但施工单位认为，施工合同专用条款并未对此作出约定，因此，建设单位提供的材料，施工单位没有送检的义务，若一定要施工单位送检，则由建设单位支付材料检测费用。

事件3：当施工进行到第3个月末时，建设单位提出一项设计变更，使D工作的工程量增加2000m³。施工单位调整施工方案后，D工作持续时间延长1个月。从第4个月开始，D工作执行新的全费用综合单价。经测算，新单价中直接费为160元/m³，间接费费率为15%，利润率为5%，计税系数为3.41%。

事件4：由于施工机械故障，G工作的开始时间推迟了1个月。第6个月恰遇建筑材料价格大幅上涨，造成F、G工作的造价提高，造价管理部门公布的价格指数如表3-2所示。施工单位随即向项目监理机构提出了调整F、G工作结算单价的要求。经测算，F、G工作的单价中，钢材、水泥和集料的价格所占比例均分别为25%、35%和10%。

费用名称	基准月价格指数	结算月价格指数
钢材	105	130
水泥	110	140
集料	100	120

【问题】

1. 事件 1 中，建设单位的做法是否正确？说明理由。

2. 指出事件 2 中施工单位说法的正确和错误之处，分别说明理由。

3. 事件 3 中，针对施工单位调整施工方案，写出项目监理机构的处理程序。列式计算 D 工作调整后新的全费用综合单价（计算结果精确到小数点后两位）。

4. 事件 4 中，施工单位提出调整 F 和 G 工作单价的要求是否合理？说明理由。列式计算应调价工作的新单价。

5. 计算 4、5、6 月份的拟完工程计划投资和施工单位的应得工程款额（计算结果精确到小数点后两位）。

案例五

某工程项目，业主通过招标与甲建筑公司签订了土建工程施工合同，包括 A、B、C、D、E、F、G、H 八项工作，合同工期 360 天。业主与乙安装公司签订了设备安装施工合同，包括设备安装与调试工作，合同工期 180 天。通过相互的协调，编制了如图 3-2 所示的网络进度计划。

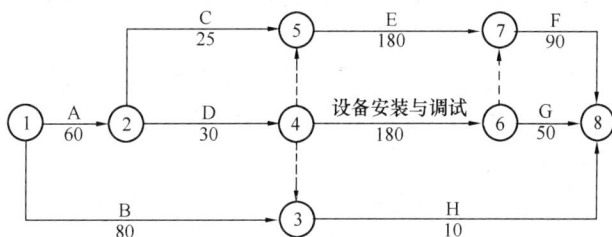

图 3-2　网络进度计划（单位：天）

该工程施工过程中发生了以下事件：

（1）基础工程施工时，业主负责供应的钢筋混凝土预制桩供应不及时，使 A 工作延误 7 天。

（2）B 工作施工后进行检查验收时，发现一预埋件埋置位置有误，经核查，是由于设计图纸中预埋件位置标注错误所致。甲建筑公司进行了返工处理，损失 5 万元，且使 B 工作延误 15 天。

（3）甲建筑公司因人员与机械调配问题造成 C 工作增加工作时间 5 天，窝工损失 2 万元。

（4）乙安装公司设备安装时，因接线错误造成设备损坏，使乙安装公司安装调试工作延误 5 天，损失 12 万元。

发生以上事件后，施工单位均及时向业主提出了索赔要求。

【问题】

1. 施工单位对以上各事件提出索赔要求，分析业主是否应给予甲建筑公司和已安装公司工期和费用补偿。

2. 如果合同中约定，由于业主原因造成延期开工或工期延期，每延期一天补偿施工单位 6000 元，由于施工单位原因造成延期开工或工期延误，每延误 1 天罚款 6000 元。计算施工单位应得的工期与费用补偿各是多少？

3. 该项目采用预制钢筋混凝土桩基础，共有 800 根桩，桩长 9m。合同规定：桩基分项工程的综合单价为 180 元/m；预制桩由业主购买供应，每根桩按 950 元计。计算甲建筑公司桩基础施工应得的工程款是多少？

（注：计算结果保留一位小数）

案例六

某市高等专科学校由于在校学生的增加，决定建设一座学生宿舍楼，通过招标，该高等专科学校选择了 A 施工单位，签订了施工合同，并委托某监理单位实施施工阶段的监理任务，也签订了委托监理合同。

2009 年 3 月 15 日，监理单位按国家有关规定向本市建设行政主管部门申请领取施工许可证，建设行政主管部门于 2009 年 3 月 16 日收到申请书，认为符合条件，于 2009 年 4 月 10 日颁发了施工许可证。因施工图设计出现问题，一直未开工，于是办理了延期开工申请，直到 2009 年 8 月 10 日方开工。

施工中，A 施工单位将部分工程分包给 B 施工单位。

施工现场存在许多电力管线，监理单位向建设单位提出要办理有关申请批准手续。

【问题】

1.《中华人民共和国建筑法》规定，具备哪些条件才可申请领取施工许可证？

2. 施工许可证的申请和颁发过程有何不妥之处？并说明理由。2009 年 8 月 10 日开工是否需重新办理施工许可证？说明理由。

3.《中华人民共和国建筑法》对分包工程作了哪些禁止性规定？

4. 根据《中华人民共和国建筑法》对建筑安全生产管理的有关规定，简述建设单位在什么情形下需按国家有关规定办理申请批准手续。

第三套模拟试卷参考答案、考点分析

案例一

1. 事件1中甲施工单位项目经理做法的不妥之处及正确做法：

（1）不妥之处：安排技术员兼施工现场安全员。

正确做法：应配备专职安全生产管理人员。

（2）不妥之处：对该施工方案进行安全验算后即组织现场施工。

正确做法：安全验算合格后应组织专家进行论证、审查，并经施工单位技术负责人签字，报总监理工程师签字后才能安排现场施工。

2. 事件2中，总监理工程师的处理不妥。

理由：没有出厂合格证明的原材料不得进场使用。

3. 事件3中塔式起重机验收的不妥之处：只有甲、乙施工单位参加了验收，而出租单位和安装单位均未参加验收。

4. 事件4中专业监理工程师做法的不妥之处：向乙施工单位签发工程暂停令。

理由：工程暂停令应由总监理工程师向乙施工单位签发。

5. （1）事件4中的质量事故，甲施工单位承担连带责任，因甲施工单位是总承包单位；乙施工单位承担主要责任，因质量事故是由于乙施工单位自身原因造成的（或因质量事故是由于乙施工单位不服从甲施工单位管理造成的）。

（2）事件4中的质量事故，监理单位没有责任。

理由：项目监理机构已履行了监理职责（或项目监理机构已及时向有关主管部门报告）。

（3）事件4中的质量事故属于严重质量事故。

（4）事件4中质量事故的处理依据：质量事故的实况资料；有关合同文件；有关的技术文件和档案；相关的建设法规。

案例二

1. 事件1中总监理工程师和建设单位做法的不妥之处及变更的正确处理程序如下：

（1）总监理工程师做法的不妥之处：总监理工程师指令施工单位暂停施工后，立即与设计单位联系。

（2）建设单位做法的不妥之处：建设单位要求总监理工程师修改施工图并签署变更文件后交甲施工单位执行。

（3）该设计变更的正确处理程序：甲施工单位向监理机构提出工程变更，提交给总监理工程师后，由总监理工程师组织专业工程师审查。审查同意后，由建设单位确认交原设计单位编制设计变更文件，按有关规定报送施工图原审查单位进行审批；建设单位予以签认；后交总监理工程师签发《工程变更单》；承包单位实施工程变更。

2. （1）向甲施工单位发出整改通知正确。理由：甲施工单位属于总承包单位，总监理工程师的所有指令均要发给总承包单位。

（2）向乙施工单位发出整改通知不正确。理由：乙施工单位与建设单位没有合同关系。

（3）应采取的措施：总监理工程师应下达《工程暂停令》，要求承包单位停工整改；整改完毕后经监理人员复查，符合规定要求后，总监理工程师应及时签署《工程复工报审表》。

3.总监理工程师的做法正确。理由：根据有关规定，承包人在工程变更确定后14天内，提出变更工程价款的报告，经工程师确认后可调整相应的合同价款。如果承包人在双方确定变更后14天内未向工程师提出变更工程价款的报告，则视为该项变更不涉及合同价款的调整。

4.向建设单位移交的资料包括：第（1）、（2）、（3）、（4）、（5）项。

由监理单位保存的资料包括：第（1）、（4）、（5）项；不需要监理单位保存的资料：第（2）、（3）项。

案例三

1.监理文件档案资料进行科学管理的意义为：

（1）可以为监理工作的顺利开展创造良好的前提条件；

（2）可以极大地提高监理工作效率；

（3）可以为建设工程档案的归档提供可靠保证。

2.监理文件档案资料管理的主要内容包括：

（1）监理文件和档案收文与登记；

（2）监理文件档案资料传阅与登记；

（3）监理文件资料发文与登记；

（4）监理文件档案资料分类存放；

（5）监理文件档案资料归档；

（6）监理文件档案资料借阅、更改与作废。

3.监理工作表式的种类和用途：

（1）A类表10个，为承包单位用表，是承包单位与监理单位之间的联系表，由承包单位填写，向监理单位提交申请或回复。

（2）B类表6个，为监理单位用表，是监理单位与承包单位之间的联系表，由监理单位填写，向承包单位发出指令或指复。

（3）C类表2个，为各方通用表，是工程监理单位、承包单位、建设单位等备有关单位之间的联系表。

4.监理文件和档案资料传递流程是：

（1）在监理内部，所有文件和档案资料都必须先送交信息管理部门，进行统一整理分类，归档保存，然后由信息管理部门根据总监理工程师或其授权监理工程师指令和监理工作的需要，分别将文件和档案资料传递给有关的监理工程师。

（2）在监理外部，在发送或接收监理单位、设计单位、施工单位、材料供应单位及其他单位的文件和档案资料时，也应由信息管理部门负责进行，这样使所有的文件档案资料只有一个进口通道，从而在组织上保证文件和档案资料的有效管理。

案例四

1.事件1中，建设单位的做法正确。

理由：大型机械设备进场费属于建筑安装工程费用构成中的措施费，已包括在合同价款中，施工单位没有理由提出由建设单位支付其进场费的要求。

2.（1）事件2中施工单位说法正确之处：要求建设单位支付材料检测费用。

理由：发包人供应的材料，其检测费用应由发包人负责。

（2）事件2中施工单位说法错误之处：施工单位没有送检的义务。

理由：不论是发包人供应的材料，还是承包人负责采购的材料，承包人均有送检的义务。

3.（1）事件3中，针对施工单位调整施工方案，项目监理机构的处理程序：施工单位将调整后的施工方案提交项目监理机构，项目监理机构对施工方案进行审核确认或提出修改意见，书面向施工单位答复。

（2）D工作调整后新的全费用综合单价的计算如下：

①新单价直接费＝160.00（元/m³）。

②间接费＝①×15％＝160.00×15％＝24.00（元/m³）。

③利润＝（①＋②）×5％＝（160.00＋24.00）×5％＝9.20（元/m³）。

④税金＝（①＋②＋③）×3.41％＝（160.00＋24.00＋9.20）×3.41％＝6.59（元/m³）。

⑤全费用综合单价＝①＋②＋③＋④＝160.00＋24.00＋9.20＋6.59＝199.79（元/m³）。

4.（1）事件4中，施工单位提出调整F工作单价的要求合理。

理由：F工作按正常进度施工。

（2）事件4中，施工单位提出调整G工作单价的要求不合理。

理由：G工作的开始时间推迟是由于施工机械故障所致。

（3）F工作的新单价＝150×（30％＋25％×130/105＋35％×140/110＋10％×120/100）＝176.25（元/m³）。

5.4月份的拟完工程计划投资＝（4500/3）×120＋（2200/2）×180＋（2300/2）×100＝493000（元）＝49.30（万元）。

5月份的拟完工程计划投资＝（4500/3）×120＋2000×200＝580000（元）＝58.00（万元）。

6月份的拟完工程计划投资＝2500×150＝375000（元）＝37.50（万元）。

4月份施工单位的应得工程款额＝（4500/3）×120＋[（2200/2＋2000）/2]×199.79＋（2300/2）×100＝604674.5（元）＝60.47（万元）。

5月份施工单位的应得工程款额＝（4500/3）×120＋[（2200/2＋2000）/2]×199.79＝489674.5（元）＝48.97（万元）。

6月份施工单位的应得工程款额＝2500×176.25＋2000×200＝840625（元）＝84.06（万元）。

案例五

本题考查索赔问题以及索赔工期与费用的计算。

1. 对索赔要求的判定：

（1）业主钢筋混凝土预制桩供应不及时，造成A工作延误，因A工作是关键工作，业主应给甲公司补偿工期和相应费用。

业主应顺延乙公司的开工时间和补偿相关费用。

（2）因设计图纸错误导致甲公司返工处理，由于 B 工作是非关键工作，而且已经对 A 工作补偿工期，B 工作延误的 15 天在其总时差范围以内，故不给予甲公司工期补偿，但应给甲公司补偿相应的费用。因对乙公司不造成影响，故不应给乙公司工期和费用补偿。

（3）由于甲公司原因使 C 工作延长，不给予甲公司工期和费用补偿。因未对乙公司造成影响，业主不对乙公司补偿。

（4）由于乙公司的错误造成总工期延期与费用损失，业主不给予工期和费用补偿。由此引起的对甲公司的工期延误和费用损失，业主应给予补偿。

2. 工期和费用补偿的计算：

（1）甲公司应得到工期补偿为：

事件（1）：业主预制桩供应不及时补偿工期 7 天。

事件（4）：因安装公司原因给甲公司造成工期延误，应补偿 5 天。

工期补偿合计 12 天。

甲公司应得到费用补偿为：

事件（1）：7×6000＝4.2（万元）。

事件（2）：5.0 万元。

事件（4）：5×6000＝3.0（万元）。

费用补偿合计 12.2 万元。

（2）因业主预制桩供应不及时，乙公司应得到工期补偿 7 天。

乙公司应得到费用补偿为：

事件（1）补偿：7×6000＝4.2（万元）。

事件（4）罚款：5×6000＝3.0（万元）。

费用补偿合计 4.2－3.0＝1.2（万元）。

3. 工程价款的计算：

桩购置费用：800×950＝76（万元）。

桩基础工程合同价款：800×9×180＝129.6（万元）。

甲公司桩基础施工应得工程价款：129.6－76＝53.6（万元）。

案例六

1.《中华人民共和国建筑法》规定，申请领取施工许可证，应当具备以下条件：

（1）已经办理该建筑工程用地批准手续。

（2）在城市规划区的建筑工程，已经取得建设工程规划许可证。

（3）施工场地已经基本具备施工条件，需要拆迁的，其拆迁进度符合施工要求。

（4）已经确定施工企业。

（5）已有满足施工需要的施工图纸及技术资料，施工图设计文件已按规定进行了审查。

（6）有保证工程质量和安全的具体措施。

（7）按照规定应该委托监理的工程已委托监理。

（8）建设资金已经落实。

（9）法律、行政法规规定的其他条件。

2.（1）施工许可证的申请和颁发过程中的不妥之处及理由如下。

①不妥之处：监理单位向建设行政主管部门申请领取施工许可证。

理由：领取施工许可证由建设单位申请。

②不妥之处：2009年4月10日颁发施工许可证。

理由：建设行政主管部门应当自收到申请之日起15日内，对符合条件的申请单位颁发施工许可证。

（2）2009年8月10日开工不需重新办理施工许可证。

理由：根据《中华人民共和国建筑法》的规定，因故不能按期开工超过6个月的，应重新办理开工报告的批准手续，本案例中的延迟开工未超过6个月。

3.《中华人民共和国建筑法》对分包工程所规定的禁止性行为如下：

（1）禁止将承包的全部建筑工程转包给他人。

（2）禁止承包单位将全部建筑工程肢解后以分包的名义分别转包给他人。

（3）禁止将承包工程中的部分工程分包给不具有相应资质条件的分包单位。

（4）禁止将主体工程进行分包。

（5）禁止分包单位将其分包的工程再分包。

4. 有下列情形之一的，建设单位应当按照国家有关规定办理申请批准手续：

（1）需要临时占用规划批准范围以外场地的。

（2）可能损坏道路、管线、电力、邮电通信等公共设施的。

（3）需要临时停水、停电、中断道路交通的。

（4）需要进行爆破作业的。

（5）法律、法规规定需要办理报批手续的其他情形。

第四套模拟试卷

某建设项目，建设单位与监理单位签订了施工监理委托合同。监理单位委派了总监理工程师，组建了项目监理机构。总监理工程师代表组织专业监理工程师编写监理规划时提出要求如下：

（1）实施监理中应严格遵守监理的实施原则，应写入监理规划中。

（2）根据业主要求，监理工作目标包括施工安全生产目标，应在监理规划中作为监理工作目标。

（3）监理规划的监理工作方法及措施中，应根据风险管理原理制定相应的风险防范措施。

（4）监理工作制度是监理规划的重要内容，其中项目监理的文档管理是监理形象的表现之一。除要按规范对现场一手资料严格要求外，还要做好监理会议纪要、监理月报和监理总结。

项目监理机构根据项目的特性和总监理工程师的布置编写了监理规划，对监理人员的岗位职责及目标控制作出如下安排：

（1）总监理工程师的岗位职责：①审查和处理工程变更；②主持监理工作会议，签发项目监理机构的文件和指令；③调解建设单位与承包单位的合同争议、处理索赔，审批工程延期；④整理工程项目的监理资料；⑤确定项目法人和项目经理的职责；⑥主持编写项目监理规划，并负责管理监理机构的日常工作；⑦检查和监督监理人员的工作。

（2）经总监理工程师授权，总监理工程师代表履行的岗位职责：①审批项目监理实施细则；②签发工程暂停令；③主持或参与工程质量事故的调查；④根据工程项目的进展情况进行监理人员的调配，调换不称职的监理人员；⑤审查承包单位提交的开工报告、施工组织设计、技术方案、进度计划；⑥审核签署承包单位的申请、支付证书和竣工结算。

（3）专业监理工程师的岗位职责：①负责编制本专业的监理实施细则；②负责本专业监理工作的具体实施；……

（4）监理员的职责：①在专业监理工程师的指导下开展现场监理工作；②检查承包单位投入工程项目的人力、材料、主要设备及其使用、运行状况，并做好检查记录；③审核工程计量的数据和原始数据；④按设计图样及有关标准，对承包单位的工艺过程或施工工序进行检查和记录，对加工制作及工序施工质量检查结果进行记录；⑤做好监理日记和有关的监理记录；⑥检查进场材料、设备的原始凭证。

【问题】

1. 组织编写监理规划的做法是否妥当？如不妥，应怎样？

2. 编写监理规划时提出的要求是否妥当？如不妥，说明理由。

3. 监理规划中所提出的总监理工程师的职责是否正确？如不正确，请改正。

4. 总监理工程师授权总监理工程师代表的职责是否正确？

5. 逐条指出监理员职责的正确与否，不妥之处请指正。

案例二

某工程，建设单位和施工单位按《建设工程施工合同（示范文本）》签订了施工合同，在施工合同履行过程中发生如下事件：

事件1：工程开工前，总监理工程师主持召开了第一次工地会议。会上，总监理工程师宣布了建设单位对其的授权，并对召开工地例会提出了要求。会后，项目监理机构起草了会议纪要，由总监理工程师签字后分发给有关单位；总监理工程师主持编制了监理规划，报送建设单位。

事件2：施工过程中，由于施工单位遗失工程某部位设计图纸，施工人员凭经验施工，现场监理员发现时，该部位的施工已经完毕。监理员报告了总监理工程师，总监理工程师到现场后，指令施工单位暂停施工，并报告建设单位。建设单位要求设计单位对该部位结构进行核算。经设计单位核算，该部位结构能够满足安全和使用功能的要求，设计单位电话告知建设单位，可以不作处理。

事件3：由于事件2的发生，项目监理机构认为施工单位未按图施工，该部位工程不予计量；施工单位认为停工造成了工期拖延，向项目监理机构提出了工程延期申请。

事件4：主体结构施工时，由于发生不可抗力事件，造成施工现场用于工程的材料损坏，导致经济损失和工期拖延，施工单位按程序提出了工期和费用索赔。

事件5：施工单位为了确保安装质量，在施工组织设计原定检测计划的基础上，又委托一家检测单位加强安装过程的检测。安装工程结束时，施工单位要求项目监理机构支付其增加的检测费用，但被总监理工程师拒绝。

【问题】

1. 指出事件1中的不妥之处，写出正确做法。

2. 指出事件2中的不妥之处，写出正确做法。该部位结构是否可以验收？为什么？

3. 事件3中项目监理机构对该部位工程不予计量是否正确？说明理由。项目监理机构是否应该批准工程延期申请？为什么？

4. 事件4中施工单位提出的工期和费用索赔是否成立？为什么？

5. 事件5中总监理工程师的做法是否正确？为什么？

案例三

某桥梁工程，其基础为钻孔桩。该工程的施工任务由甲公司总承包，其中桩基础施工分包给乙公司，建设单位委托丙公司监理，丙公司任命的总监理工程师具有多年桥梁设计工作经验。

施工前甲公司复核了该工程的原始基准点，基准线和测量控制点，并经专业监理工程师审核批准。

该桥1号桥墩桩基础施工完毕后，设计单位发现：整体桩位（桩的中心线）沿桥梁中线偏移，偏移量超出规范允许的误差。经检查发现，造成桩位偏移的原因是桩位施工图尺寸与总平面图尺寸不一致。因此，甲公司向项目监理机构报送了处理方案，要点如下：

（1）补桩；

（2）承台的结构钢筋适当调整，外形尺寸做部分改动。

总监理工程师根据自己多年的桥梁设计工作经验，认为甲公司的处理方案可行，因此予以批准。乙公司随即提出索赔意向通知，并在补桩施工完成后第5天向项目监理机构提交了索赔报告如下：

（1）要求赔偿整改期间机械、人员的窝工损失；

（2）增加的补桩应予以计量、支付。

理由为如下。

（1）甲公司负责桩位测量放线，乙公司按给定的桩位负责施工，桩体没有质量问题；

（2）桩位施工放线成果已由现场监理工程师签认。

【问题】

1. 总监理工程师批准上述处理方案，在工作程序方面是否妥当？说明理由。并简述监理工程师处理施工过程中工程质量问题工作程序的要点。

2. 专业监理工程师在桩位偏移这一质量问题中是否有责任？说明理由。

3. 写出施工前专业监理工程师对甲公司报送的施工测量成果检查、复核什么内容。

4. 乙公司提出的索赔要求，总监理工程师应如何处理？说明理由。

案例四

某工程，施工总承包单位依据施工合同约定，与甲安装单位签订了安装分包合同。基础工程完成后，由于项目用途发生变化，建设单位要求设计单位编制设计变更文件，并授权项目监理机构就设计变更引起的有关问题与总承包单位进行协商。项目监理机构在收到经相关部门重新审查批准的设计变更文件后，经研究对其今后工作安排如下。

（1）由总监理工程师负责与总承包单位进行质量、费用和工期等问题的协商工作；

（2）要求总承包单位调整施工组织设计，并报建设单位同意后实施；

（3）由总监理工程师代表主持修订监理规划；

（4）由负责合同管理的专业监理工程师全权处理合同争议；

（5）安排一名监理员主持整理工程监理资料。

在协商变更单价过程中，项目监理机构未能与总承包单位达成一致意见，总监理工程师决定以双方提出的变更单价的均值作为最终的结算单价。

项目监理机构认为甲安装分包单位不能胜任变更后的安装工程，要求更换安装分包单位。总承包单位认为项目监理机构无权提出该要求，但仍表示愿意接受，提出由乙安装单位分包。

甲安装单位依据原定的安装分包合同已采购的材料，因设计变更需要退货，向项目监理机构提出了申请，要求补偿因材料退货造成的费用损失。

【问题】

1. 逐项指出项目监理机构对其今后工作的安排是否妥当，不妥之处。写出正确做法。

2. 指出在协商变更单价过程中项目监理机构做法的不妥之处，并按《建设工程监理规范》写出正确做法。

3. 总承包单位认为项目监理机构无权提出更换甲安装分包单位的意见是否正确？为什么？写出项目监理机构对乙安装单位分包资格的审批程序。

4. 指出甲安装单位要求补偿材料退货造成费用损失申请程序的不妥之处，写出正确做法。该费用损失应由谁承担？

案例五

某工程，施工单位向项目监理机构提交了项目施工总进度计划（见图 4-1）和各分部工程的施工进度计划。项目监理机构建立了各分部工程的持续时间延长的风险等级划分图（见图 4-2）和风险分析表（见表 4-1），要求施工单位对风险等级在"大"和"很大"范围内的分部工程均要制定相应的风险预防措施。

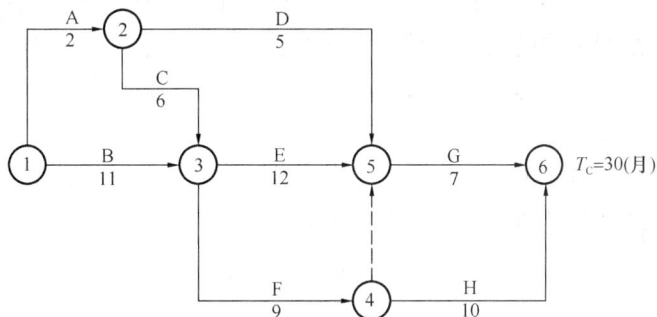

图 4-1　项目施工总进度计划图（单位：月）

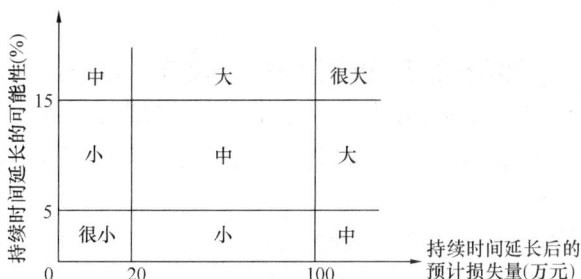

图 4-2　风险等级划分图

风 险 分 析 表　　　　　　　　表 4-1

分部工程名称	A	B	C	D	E	F	G	H
持续时间预计延长值（月）	0.5	1	0.5	1	1	1	1	0.5
持续时间延长的可能性（%）	10	8	3	20	2	12	18	4
持续时间延长后的损失量（万元）	5	110	25	120	150	40	30	50

施工单位为了保证工期，决定对 B 分部工程施工进度计划横道图（见图 4-3）进行调整，组织加快的成倍节拍流水施工。

【问题】

1. 找出项目施工总进度计划（图 4-1）的关键线路。

2. 风险等级为"大"和"很大"的分部工程有哪些？

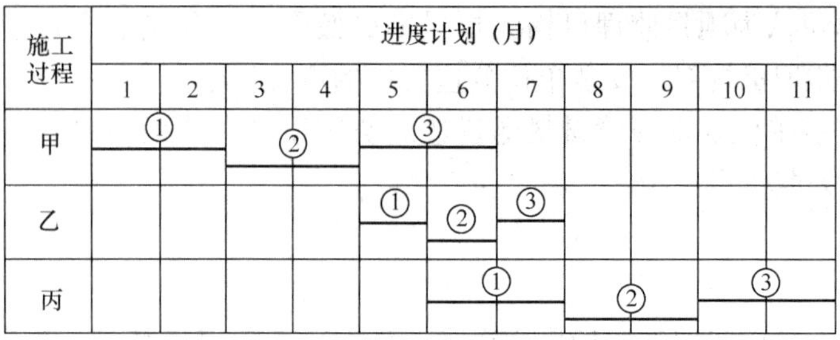

施工过程	进度计划（月）										
	1	2	3	4	5	6	7	8	9	10	11
甲	①		②		③						
乙					①	②	③				
丙						①		②		③	

图 4-3　B分部部工程施工进度计划横道图

3. 如果只有风险等级为"大"和"很大"的风险事件同时发生，此时的工期为多少个月（写出或在图 4－2 上标明计算过程）？关键线路上有哪些分部工程？

4. B 分部工程组织加快的成倍节拍流水施工后，流水步距为多少个月？各施工过程应分别安排几个工作队？B 分部工程的流水施工工期为多少个月？绘制 B 分部工程调整后的流水施工进度计划横道图。

5. 对图 4-1 项目施工总进度计划而言，B 分部工程组织加快的成倍节拍流水施工后，该项目工期为多少个月？可缩短工期多少个月？

案例六

监理单位承担了某工程的施工阶段监理任务，该工程由甲施工单位总承包。甲施工单位经建设单位同意并经监理单位进行资质审查合格的乙施工单位作为分包。施工过程中发生了以下事件。

事件 1：专业监理工程师在熟悉图纸时发现，基础工程部设计内容不符合国家有关工程质量标准和规范。总监理工程师随即致函设计单位要求改正并提出更改建议方案。设计单位研究后，口头同意了总监理工程师的更改方案，总监理工程师随即将更改的内容写成监理指令通知甲施工单位执行。

事件 2：施工过程中，专业监理工程师发现乙施工单位施工的分包工程部分存在质量隐患，为此，总监理工程师同时向甲、乙两施工单位发出了整改通知。甲施工单位回函称：乙施工单位施工的工程是经建设单位同意进行分包的，所以本单位不承担该部分工程的质量责任。

事件 3：专业监理工程师在巡视时发现，甲施工单位在施工中使用未经报验的建筑材料，若继续施工，该部位将被隐蔽。因此，立即向甲施工单位下达了暂停施工的指令（因甲施工单位的工作对乙施工单位有影响，乙施工单位也被迫停工）。同时，指示甲施工单位将该材料进行检验，并报告了总监理工程师。总监理工程师对工序停工予以确认，并在合同约定的时间内报告了建设单位。检验报告出来后，证实材料合格，可以使用，总监理工程师随即指令施工单位恢复了正常施工。

事件 4：乙施工单位就上述停工自身遭受的损失向甲施工单位提出补偿要求，而甲施工单位称：此次停工系执行监理职责的指令，乙施工单位应向建设单位提出索赔。

事件 5：对上述施工单位的索赔建设单位称：本次停工系监理职责的失职造成，且事先未征得建设单位同意。因此，建设单位不承担任何责任，由于停工造成施工单位的损失应由监理单位承担。

【问题】

1. 针对事件 1，请指出总监理工程师上述行为的不妥之处并说明理由。总监理工程师应如何正确处理？

2. 针对事件 2，甲施工单位的答复是否妥当？为什么？总监理工程师签发的整改通知是否妥当？为什么？

3. 针对事件 3，专业监理工程师是否有权签发本次暂停令？为什么？下达工程暂停令的程序有无不妥之处？请说明理由。

4. 针对事件 4，甲施工单位的说法是否正确？为什么？乙施工单位的损失应由谁承担？

5. 针对事件 5，建设单位的说法是否正确？为什么？

第四套模拟试卷参考答案、考点分析

案例一

1. 总监理工程师代表组织编写监理规划不妥。

正确做法：应由总监理工程师组织编写。

2. 监理规划要求是否妥当的判断：

第（1）条不妥。

理由：根据监理规范关于监理规划的内容要求，监理实施原则是基本要求，不必写入监理规划。

第（2）条不妥。

理由：依据《中华人民共和国建筑法》、《建设工程质量管理条例》及《监理规范》等法规，施工生产安全责任应由施工单位负责。

第（3）、（4）条正确。

3. 对总监理工程师职责的判定：

第①、②、③、⑥、⑦是正确的。

第④条不正确。改正：主持整理工程项目的监理资料。

第⑤条不正确。改正：这不属于监理单位的权利。

4. 总监理工程师代表的职责中的第③、⑤条是正确的；第①、②、④、⑥条是错误的。

5. 监理员职责的判断：

第①、②条是正确的。

第③条是错误的。这应该是专业监理工程师的职责。

第④、⑤条是正确的。

第⑥条是错误的。这是专业监理工程师的职责。

案例二

1. 事件 1 中的不妥之处及正确做法：

（1）不妥之处：总监理工程师主持召开第一次工地会议。

正确做法：应由建设单位主持。

（2）不妥之处：总监理工程师宣布授权。

正确做法：应由建设单位宣布。

（3）不妥之处：会议纪要直接分发给有关单位。

正确做法：各方会签后分发。

（4）不妥之处：会后编制和报送监理规划。

正确做法：应在第一次工地会议前编制和报送。

2.（1）事件 2 中的不妥之处及正确做法：

①不妥之处：施工单位不按图施工，而是凭经验施工。

正确做法：施工单位必须按照工程设计图纸和施工技术规范标准组织施工。

②不妥之处：监理员向总监理工程师汇报。

正确做法：监理员应向专业监理工程师汇报。

③不妥之处：设计单位经核算，能够满足安全和使用功能的要求，便电话告知建设单位。

正确做法：设计单位应以书面形式告知建设单位。

（2）该部位结构可以验收

理由：根据工程施工质量不符合要求的处理中的规定，经原设计单位核算认可能满足结构安全和使用功能的，可以予以验收。同时需由设计书面确认该部位不需处理的书面文件。

3.（1）监理机构对该部位工程不予计量不正确

理由：经设计单位核算、认可能满足结构安全和使用功能的要求，予以验收，应给予计量。

（2）监理机构不应批准工程延期的申请。

理由：对索赔报告中要求顺延的工期，首先要划清施工进度拖延的责任。因承包人的原因造成施工进度滞后，属于不可原谅的延期；只有承包人不应承担任何责任的延误，才是可原谅的延期。只有可原谅的延期部分才能批准顺延合同工期。本题中停工是由于施工单位不按图施工造成的，属于承包人的原因造成的施工进度拖后，因此不应批准工程延期的申请。

4.（1）工期索赔成立。

理由：在合同约定工期内发生的不可抗力，延误的工期相应顺延。

（2）费用索赔成立。

理由：在合同约定工期内发生的不可抗力造成的运至施工场地用于施工的材料和待安装的设备的损害，由发包人承担。因此，本题中不可抗力导致施工现场用于工程的材料损坏，所造成的损失由建设单位承担。

5.事件5中总监理工程师的做法正确。

理由：施工单位为了确保安装质量采取的技术措施所增加的费用已包括在合同价款内，由施工单位承担。

案例三

1.（1）总监理工程师批准的处理方案，在工作程序方面不妥。

理由：施工现场在出现质量问题和事故时，一般是由原设计单位提交技术处理方案，若由其他单位提交技术处理方案，也应经原设计单位同意签认，不论谁提出变更都必须征得建设单位同意，并且办理书面变更手续，之后，总监理工程师才可批准审批技术处理方案。该工程总监理工程师批准处理方案时，既没有得到建设单位同意，也没有取得设计单位签认。

（2）监理工程师处理施工过程中工程质量问题的工作程序：

①当发生工程质量问题时，监理工程师首先应判断其严重程度；

②对可以通过返修或返工弥补的质量问题，签发《管理通知》；对需要加固补偿的质量问题，或质量在影响下道工序和分项工程质量时，应签发《工程暂停令》指令停止其有关联的施工。令施工单位保护现场；

③责成事故单位写出质量问题调查报告；

④施工单位或原设计单位分别对上两种质量问题提出技术处理方案；

⑤审查技术处理方案并签认；

⑥批复承包单位处理，并跟踪监督检查施工单位对技术处理方案的实施；

⑦验收处理结果；

⑧写出质量问题处理报告，报建设单位、监理单位存档；

⑨将完整的处理记录整理归档。

2. 专业监理工程师在批准偏移这一质量问题中没有责任。

理由：因为施工图尺寸与总平面图尺寸不一致，是设计的错误，责任在设计单位。

3. 施工前专业监理工程师对甲公司报送的施工测量成果检查、复核的内容
施工过程中测量放线质量控制要点是：

（1）监理工程师应要求施工单位，对建设单位给定的原始基准点、基准线和标高等测量控制点进行复核。

（2）监理工程师审核施工单位复测结果，经批准后施工单位可放线施工。

（3）施工单位依据复测基准、建立施工测量控制网，并对其正确性负责。

（4）监理工程师复测施工测量控制网。

4. 乙公司提出的索赔要求，总监理工程师应不予受理。

理由：索赔的关键要看双方有没有合同关系。分包单位和建设单位没有合同关系，因此在分包合同的履行过程中，当分包商认为自己的合法权益受到损害，不论事件起因于业主或工程师的责任，还是承包商应承担的义务，他都只能向承包商提出索赔要求。总监理工程师只受理总承包单位提出的索赔。

案例四

1.（1）由总监理工程师负责与总承包单位进行质量、费用和工期等问题的协商工作妥当。

（2）要求总承包单位调整施工组织设计，并报建设单位同意后实施不妥。

正确做法：总承包单位调整的施工组织设计，再报监理机构，由总监理工程师审查签认。

（3）由总监理工程师代表主持修订监理规划不妥。

正确做法：由总监理工程师主持修订监理规划。

（4）由负责合同管理的专业监理工程师全权处理合同争议不妥。

正确做法：由总监理工程师负责处理合同争议。

（5）安排一名监理员主持整理工程监理资料不妥。

正确做法：由总监理工程师主持整理工程监理资料。

2. 在协商变更单价过程中项目监理机构的不妥之处：以双方提出的变更费用价格的均值作为最终的结算单价。

正确做法：项目监理机构（或总监理工程师）提出一个暂定价格，作为临时支付工程进度款的依据。变更费用价格在工程最终结算时以建设单位与总承包单位达成的协议为依据。

3. 总承包单位认为项目监理机构无权提出更换甲安装分包单位的意见是不正确的。

理由：依据有关规定，项目监理机构对工程分包单位有认可权。

项目监理机构对乙安装单位分包资格的审批程序：项目监理机构（或专业监理工程

师）审查总承包单位报送的分包单位资格报审表和分包单位的有关资料；符合有关规定后，由总监理工程师予以签认。

4. 甲安装单位要求补偿材料退货造成费用损失申请程序的不妥之处：由甲安装分包单位向项目监理机构提出申请。

正确做法：甲安装分包单位向总承包单位提出，再由总承包单位向项目监理机构提出。

费用损失由建设单位承担。

案例五

1. 项目施工总进度计划（图 4-4）的关键线路为①→③→⑤→⑥和①→③→④→⑥两条或 B→E→G 组成的线路和 B→F→H 组成的线路。

图 4-4 中粗箭线为关键线路。

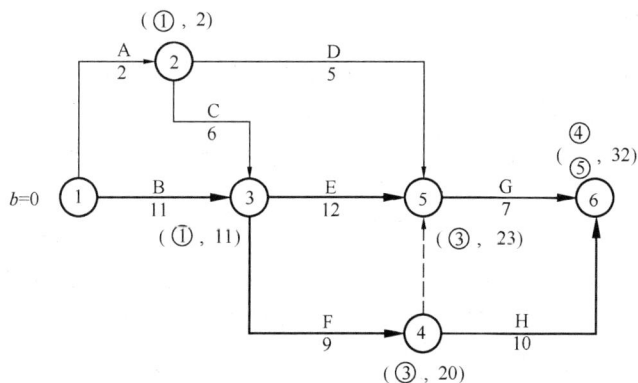

图 4-4 施工总进度计划的关键线路的确定

2. 根据图 4-2 和表 4-1，分析对应得：

风险等级为"大"的分部工程有 B、G 两项分部工程。

风险等级为"很大"的分部工程有 D 分部工程。

3. 如果只有风险等级为"大"和"很大"的风险事件同时发生，此时的工期：

（1）方法一：

将 B、G、D 三项分部工程的持续时间预计延长值添加到其相应持续时间内，利用标号法重新确定关键线路和工期为：关键线路 B→E→G；工期为 32 个月（见图 4-5）。

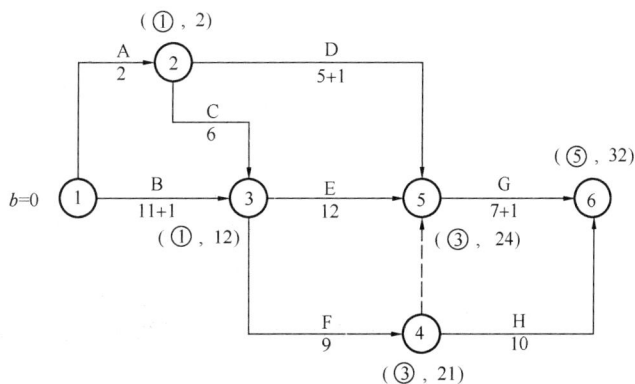

图 4-5 风险事件同时发生后施工总进度计划的关键线路的确定

方法二：利用总时差分析法。

因为 B、G 分部工程在同一条关键线路上，所以其持续时间分别比预计延长 1 个月，则导致工期由原 30 个月延长 2 个月即关键线路 B→E→G，总工期为 32 个月，原关键线路 B→F→H 变为次关键线路；D 分部工程在非关键线路上，其总时差为 16，延长 1 个月未超过总时差，所以不影响工期。

（2）关键线路上有 B、E、G 三项分部工作。

4. 根据图 4-3 可知：流水节拍 $t_{甲}=2$ 个月，流水节拍 $t_{乙}=1$ 个月，流水节拍 $t_{丙}=2$ 个月。

（1）组织加快的成倍节拍流水施工的流水步距 K 为：

$$K=最大公约数 \{2,1,2\}=1 个月。$$

（2）确定专业队数：

$b_{甲}=2/1=2$（个），$b_{乙}=1/1=1$（个），$b_{丙}=2/1=2$（个），即：$n_1'=5$ 个。所以甲、乙、丙施工过程应分别安排 2 个、1 个和 2 个专业队。

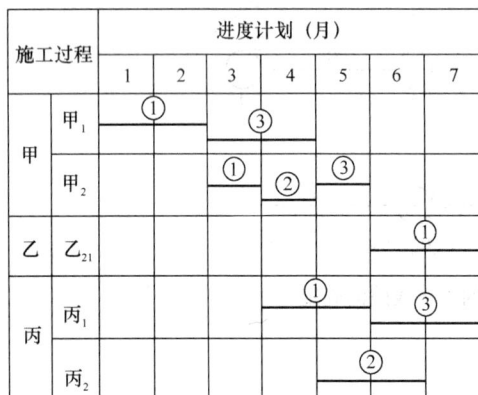

施工过程		进度计划（月）						
		1	2	3	4	5	6	7
甲	甲₁	①		③				
	甲₂		①	②	③			
乙	乙₂₁						①	
丙	丙₁			①		③		
	丙₂				②			

图 4-6　横道图

（3）流水施工工期：

$$T=(m+n'-1)K+\sum Z_1-\sum C_1$$
$$=(3\times1+5-1)\times1+0-0=7(月)$$

（4）绘制的 B 分部工程调整后的流水进度计划如图 4-6 所示。

5.（1）将 B 分部工程的持续时间由 11 个月变成加快成倍后的 7 个月重新用标号法确定图 4-1 的关键线路和工期。所以该项目 B 分部工程组织加快的成倍节拍流水施工后总工期为 27 个月。

（2）由于原计划图 4-1 的工期为 30 个月，而 B 分部工程组织加快的成倍节拍流水施工后的项目总工期为 27 个月，比原计划的工期缩短了 3 个月。如图 4-7 所示。

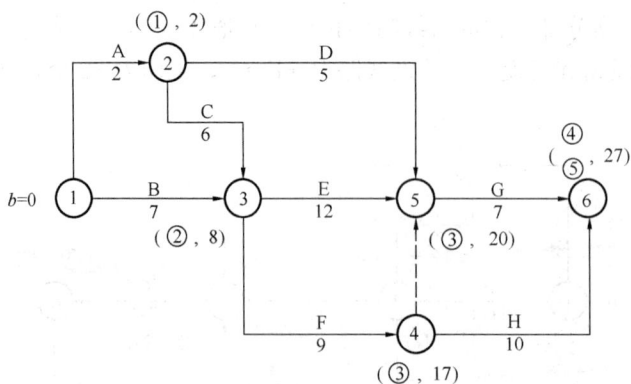

图 4-7　B 分部工程组织加快的成倍节拍流水施工后的施工进度计划

案例六

1. 事件 1 中，总监理工程师的行为不妥之处及正确处理：

（1）总监理工程师的不妥之处在于不应直接致函设计单位。

正确做法：发现问题应向建设单位报告，通过建设单位向设计单位提出变更请求。

（2）设计单位口头同意总监理工程师的更改方案。

正确处理：应以书面形式答复。

2.（1）事件2中，甲施工单位回函答复不妥。

理由：根据建设工程施工合同管理中对于工程分包的有关规定，工程分包不能解除承包人对发包人应承担在该工程部位施工的合同义务。因此总承包单位应承担连带责任。

（2）总监理工程师向乙施工单位签发整改通知不妥。

理由：根据建设工程施工合同示范文本中对于分包合同管理的有关规定，总监理工程师不能够与分包单位发生直接的工作联系，仅与承包商建立监理与被监理的关系。因此，总监理工程师只能给甲施工单位签发整改通知，因为建设单位与乙施工单位没有合同关系。

3.（1）事件3中，专业监理工程师无权签发工程暂停令。

理由：《工程暂停令》由总监理工程师签发，这是总监理工程师的权力。

（2）下达工程暂停令的程序有不妥之处。

理由：专业监理工程师应报告总监理工程师，由总监理工程师签发工程暂停令。

4. 甲施工单位的说法不正确。

理由：索赔的关键要看双方有没有合同关系。分包合同为甲施工单位和乙施工单位所签订，建设单位和乙施工单位没有合同关系，因此在分包合同的履行过程中，当分包商认为自己的合法权益受到损害，不论事件起因于业主或工程师的责任，还是承包商应承担的义务，他都只能向承包商提出索赔要求。因为乙施工单位与建设单位没有合同关系，乙施工单位的损失应由甲施工单位承担。

5. 建设单位的说法不正确。

理由：索赔的关键要看双方有没有合同关系。施工单位与建设单位有合同关系，与监理单位没有合同关系。而且监理单位是在建设工程监理合同授权内行使职责，因此，施工单位所受的损失不应由监理单位承担，应由建设单位承担；建设单位的损失再和监理单位商议解决。

第五套模拟试卷

案例一

某工程项目采用预制钢筋混凝土管桩基础，业主委托某监理单位承担施工招标及施工阶段的监理任务。因该工程涉及土建施工、沉桩施工和管桩预制，业主对工程发包提出两种方案：一种是采用平行发包模式，即土建、沉桩、管桩制作分别发包；另一种是采用总分包模式，即由土建施工单位总承包，沉桩施工及管桩制作列入总承包范围再分包。

【问题】

1. 施工招标阶段，监理单位的主要工作内容有哪几项（归纳为四项回答）？

2. 如果采用施工总分包模式，监理工程师应从哪些方面对分包单位进行管理？主要手段是什么？

3. 对管桩生产企业的资质考核在上述两种发包模式下，各应在何时进行？考核的主要内容是什么？

4. 在平行发包模式下，管桩运抵施工现场，沉桩施工单位可否视其为"甲供机件"？为什么？如何组织检查验收？

5. 如果现场检查出管桩不合格或管桩生产企业延期供货，对正确施工进度造成影响，请分析在上述两种发包模式下，可能会出现哪些主体之间的索赔？

案例二

某工程项目，建设单位通过招标选择了一具有相应资质的监理单位承担施工招标代理和施工阶段监理工作，并在监理中标通知书发出后第 45 天，与该监理单位签订了委托监理合同之后双方又另行签订了一份监理酬金比监理中标价降低 10％的协议。

在施工公开招标中，有 A、B、C、D、E、F、G、H 等施工单位报名投标，经监理单位资格预审均符合要求。但建设单位以 A 施工单位是外地企业为由不同意其参加投标，而监理单位坚持认为 A 施工单位有资格参加投标。

评标委员会由 5 人组成，其中当地建设行政管理部门的招投标管理办公室主任 1 人、建设单位代表 1 人、政府提供的专家库中抽取的技术经济专家 3 人。

评标时发现，B 施工单位投标报价明显低于其他投标单位报价且未能合理说明理由；D 施工单位投标报价大写金额小于小写金额；F 施工单位投标文件提供的检验标准和方法不符合招标文件的要求；H 施工单位投标文件中某分项工程的报价有个别漏项；其他施工单位的投标文件均符合招标文件要求。

建设单位最终确定 G 施工单位中标，并按照《建设工程施工合同（示范文本）》与该施工单位签订了施工合同。

工程按期进入安装调试阶段后，由于雷电引发了一场火灾。火灾结束后 48 小时内，

G 施工单位向项目监理机构通报了火灾损失情况：工程本身损失 150 万元；总价值 100 万元的待安装设备彻底报废；G 施工单位人员烧伤所需医疗费及补偿费预计 15 万元，租赁的施工设备损坏赔偿 10 万元；其他单位临时停放在现场的一辆价值 25 万元的汽车被烧毁。另外，大火扑灭后 G 施工单位停工 5 天，造成其他施工机械闲置损失 2 万元以及必要的管理保卫人员费用支出 1 万元，并预计工程所需清理，修复费用 200 万元。损失情况经项目监理机构审核属实。

【问题】

1. 指出建设单位在监理招标和委托监理合同签订过程中的不妥之处，并说明理由。

2. 在施工招标资格预审中，监理单位认为 A 施工单位有资格参加投标是否正确？说明理由。

3. 指出施工招标评标委员会组成的不妥之处，说明理由，并写出正确作法。

4. 判别 B、D、F、H 四家施工单位的投标是否为有效标？说明理由。

5. 安装调试阶段发生的这场火灾是否属于不可抗力？指出建设单位和 G 施工单位应各自承担哪些损失或费用（不考虑保险因素）？

案例三

某单位工程为单层钢筋混凝土排架结构，共有 60 根柱子，32 米空腹屋架，监理工程师批准的网络计划如图 5-1 所示（图中工作持续时间以月为单位）：

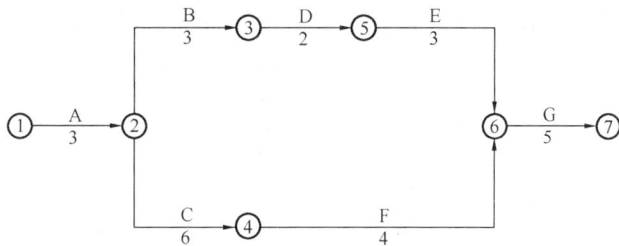

图 5-1　监理工程师批准的网络计划

该工程施工合同工期为 18 个月，质量标准要求为优良。施工合同中规定，土方工程单价为 16 元/m³，土方估算工程量为 22000m³，混凝土工程单价为 320 元/m³，混凝土估算工程量为 1800m³。当土方工程和混凝土工程工程量任何一项增加超出该项原估算工程量的 15%时，该项超出部分结算单价可进行调整，调整系数为 0.9。

在施工过程中监理工程师发现刚拆模的钢筋混凝土柱子存在工程质量问题。在发现有质量问题的 10 根柱子中，有 6 根蜂窝、露筋较严重；有 4 根柱子蜂窝、麻面轻微，且截面尺寸小于设计要求。截面尺寸小于设计要求的 4 根柱子经设计单位验算，可以满足结构安全和使用功能要求可不加固补强。在监理工程师组织的质量事故分析处理会议上，承包方提出了如下几个处理方案：

方案一：6 根柱子加固补强，补强后不改变外形尺寸，不造成永久性缺陷；4 根柱子不加固补强。

方案二：10 根柱子全部砸掉重做。

方案三：6 根柱子砸掉重做；4 根柱子不加固补强。

在工程按计划进度进行到第 4 个月时，业主、监理工程师与承包方协商同意增加一项工作 K，其持续时间为 2 个月，该工作安排在 C 工作结束以后开始（K 是 C 的紧后工作），E 工作开始前结束（K 是 E 的紧前工作）。由于 K 工作的增加，增加了土方工程量 3500m³，增加了混凝土工程量 200m³。

工程竣工后，承包方组织了该单位工程的预验收，在组织正式竣工验收前，业主已提前使用该工程。业主使用中发现房屋面漏水，要求承包方修理。

【问题】

1. 承包方要保证主体结构分部工程质量等级达到优良标准，以上对柱子工程质量问题的三种处理方案中，哪种处理方案能满足要求？为什么？

2. 由于增加了 K 工作，承包方提出了顺延工期 2 个月的要求，该要求是否合理？监理工程师应该签证批准的顺延工期应是多少？

3. 由于增加了 K 工作，相应的工程量有所增加，承包方提出对增加工程量的结算费用为：①土方工程 3500×16＝56000（元）；②混凝土工程 200×320＝64000（元）；③合计 120000 元。你认为该费用是否合理？监理工程师对这笔费用应签证多少？

4. 在工程未正式验收前，业主提前使用是否可认为该单位工程验收？对出现的质量问题，承包方是否承包保修责任？

案例四

某建设工程合同工期为 25 个月，其双代号网络计划如图 5-2 所示，该计划已过监理工程师审核批准。

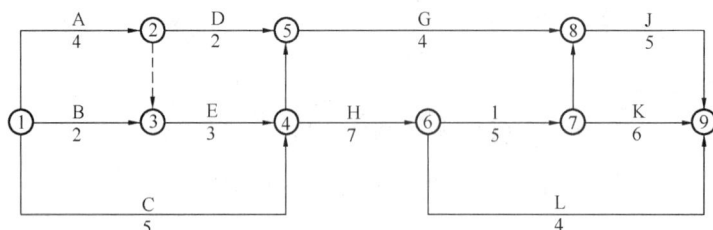

图 5-2 施工进度计划图（单位：月）

【问题】

1. 该网络计划的计算工期是多少？为确保工程按期完工，哪些施工过程应该作为重点控制对象？为什么？

2. 当该计划执行 7 个月以后，监理工程师发现，施工过程 C 和施工过程 D 已经完成，而施工过程 E 将会拖后 2 个月。此时施工过程 E 的实际进度是否会影响总工期？为什么？

3. 若实际进度确实影响到总工期，为了保证总工期不延长，应该对原进度计划进行调整。现拟组织施工过程 H、I、J、K 进行流水施工。各个施工过程中的施工段及其流水节拍见表 5-1。

按原进度计划中的逻辑关系，组织施工过程 H、I、J、K 进行流水施工的方案有哪些？试比较各方案的流水施工工期，并且判断调整后的计划是否满足合同工期的要求。

各施工段及其流水节拍 表 5-1

施工过程	施工段及其流水节拍/月		
	①	②	③
H	2	3	2
I	1	2	2
J	2	1	2
K	2	3	1

4. 若压缩某些施工过程的持续时间，对原计划进行调整以保证工期不延长。各施工过程的直接费率以及最短持续时间见表 5-2。

各施工过程的直接费率以及最短持续时间 表 5-2

施工过程	E	G	H	I	J	K	L
直接费率/（万元/月）	—	10.0	6.0	4.5	3.5	4.0	8.5
最短持续时间/月	2	3	5	3	3	4	3

在不改变各施工过程逻辑关系的前提下，原进度计划的最优调整方案是什么？请讲明原因。此时直接费将增加多少？

案例五

某工程项目分为三个相对独立的标段，由三家施工单位分别承包，承包合同价分别为 3650 万元、3220 万元和 2730 万元；合同工期分别为 31 个月、22 个月和 25 个月。其中第三标段工程中的打桩工程分包给某专业基础工程公司施工，全部工程项目的施工监理由 M 监理公司承担。为此，编制了监理规划。

1. 按下面要求编制了监理规划：①监理规划的内容构成应具有可操作性。②监理规划的内容应具有针对性。③监理规划的内容应具有指导编制项目资金筹措计划的作用。④监理规划的内容应能协调项目在实施阶段进度的控制。

2. 监理规划的部分内容如下：

（1）工程概况。

（2）监理阶段、范围和目标：①监理阶段：本工程项目的施工阶段。②监理范围：本工程项目的三个施工合同标段内的工程。③监理目标：静态投资目标——9600 万元人民币；进度目标——31 个月；质量目标——优良。

（3）监理工作内容如下：①协助业主组织施工招标工作。②审核工程概算。③审查、确认承包单位选择的分包商。④审查工程使用的材料、构件、设备的规格和质量。

（4）监理控制措施：监理工程师应将主动控制和被动控制紧密结合，按控制流程进行控制。

（5）监理组织结构与职责。

（6）监理工作制度。

【问题】

1. 监理规划的内容有哪些不妥之处？为什么？如何改正？

2. 编制监理规划所依据的各条编制要求是否恰当？为什么？

案例六

某工程项目，业主与承包人签订了工程施工承包合同。合同中估算工程量为 5300m³，单价为 180 元/m³。合同工期为 6 个月。有关付款条款如下：

（1）开工前业主应向承包商支付估算合同总价 20% 的工程预付款；

（2）业主自第一个月起，从承包商的工程款中，按 5% 的比例扣留保修金；

（3）当累计实际完成工程量超过（或低于）估算工程量的 10% 时，可进行调价，调价系数为 0.9（或 1.1）；

（4）每月签发付款最低金额为 15 万元；

（5）工程预付款从承包人获得累计工程款超过估算合同价的 30% 以后的下一个月起，至第 5 个月均匀扣除。

承包人每月实际完成并经签证确认的工程量见表 5-3。

承包人每月实际完成工程量   表 5-3

月份	1	2	3	4	5	6
实际完成工程量（m³）	800	1000	1200	1200	1200	500

【问题】

1. 工程预付款为多少？工程预付款从哪个月起扣留？每月应扣工程预付款为多少？

2. 每月工程量价款为多少？应签证的工程款为多少？应签发的付款凭证金额为多少？

第五套模拟试卷参考答案、考点分析

案例一

1. 施工招标阶段，监理单位的主要工作内容为：

（1）协助业主编制施工招标文件及标底；

（2）发布招标通知及对投标人资格预审；

（3）组织标前会议及现场勘查；

（4）组织开标、评标、并协助业主定标和签署承包合同。

2. （1）如果采用施工总分包模式，监理工程师对分包单位进行管理的主要内容有：①审查分包人的资格；②要求分包人参加相关施工会议；③检查分包人的施工设备、人员；④检查分包人的工程施工材料、作业质量。

（2）主要手段有：①对分包人违反合同、规范的行为，可指令总承包人停止分包施工；②对质量不合格的工程拒签与之有关的支付；③建议总承包人撤换分包单位。

3. （1）如采取平行发包模式时，对管桩生产企业的资质考核应在招标阶段组织考核，如采取总分包模式应在分包合同签订前考核。

（2）考核的主要内容：①人员素质；②资质等级；③技术装备；④业绩；⑤信誉；⑥有无生产许可证；⑦质保体系；⑧生产能力。

4. （1）在平行发包模式下，管桩运抵施工现场，沉桩施工单位可视为"甲供构件"，因为沉桩单位与管桩生产企业无合同关系。

（2）组织检查验收：应由监理工程师组织，沉桩单位参加共同检查管桩质量、数量是否符合合同要求。

5. 如果现场检查出管桩不合格或管桩生产企业延期供货，会对正确施工进度造成影响。索赔的关键要看双方有没有合同关系。

（1）在平行发包模式下，业主分别与各单位签订合同，因此，索赔的情况可能有：①沉桩单位向业主索赔；②土建施工单位向业主索赔；③业主向管桩生产企业索赔。

（2）在总分包模式下，业主与土建施工单位签订总包合同，土建施工单位再与管桩生产企业和沉桩单位分别签订合同，因此，索赔的情况可能有：①业主向土建施工（或总包）单位索赔；②土建施工（或总包）单位向管桩生产企业索赔；③沉桩单位向土建施工单位（或总包）索赔。

案例二

1. 建设单位在监理招标和委托监理合同签订过程中的不妥之处及理由：

（1）建设单位在监理招标过程中的不妥之处在于：监理中标通知书发出后45天才签订委托监理合同。

理由：根据《中华人民共和国招标投标法》的规定，中标通知书发出后30天内，双方应按照招标文件和投标文件订立书面合同，不得作实质性修改。所以第45天不符合规定。

（2）建设单位在委托监理合同签订过程中的不妥之处在于：在签订委托监理合同后双

方又另行签订了一份比监理中标价降低 10％的协议。

理由：根据《中华人民共和国招标投标法》的规定，招标人与中标人不得私下订立背离合同实质性内容的其他协议。案例中降低中标价的 10％属于背离合同实质性内容。

2. 监理单位认为 A 施工单位有资格参加投标是正确的。

理由：根据招标投标法对投标人资格审查文件的核查的有关规定，招标人不得以不合理条件限制或排斥潜在投标人；不得对潜在投标人实行歧视待遇。因此，招标人不得限制或排斥本地区、本系统以外的法人或组织参加投标。同时，由于 A 施工单位已经通过了资格预审，因此有资格参加投标。

3. 施工招标评标委员会组成的不妥之处、理由及正确做法：

根据招标投标法对评标委员会的有关规定，评标委员会由招标人的代表和有关技术、经济等方面的专家组成，成员人数为 5 人以上单数，其中招标人以外的专家不得少于成员总数的 2/3。专家人选应来自于国务院有关部门或省、自治区、直辖市政府有关部门提供的专家名册中以随机抽取方式确定。与投标人有利害关系的人不得进入评标委员会，已经进入的应当更换，保证评标的公平和公正。

因此，本题中施工招标评标委员会组成的不妥之处有二：一是招投标管理办公室主任担任评标委员不妥；二是评标委员会中技术经济专家占总人数比例不符合要求。

理由：行政监督管理部门人员不得担任评标委员会委员，专家人选应来自于国务院有关部门或省、自治区、直辖市政府有关部门提供的专家名册中以随机抽取方式确定；评标委员会中有关技术、经济等方面的专家不得少于成员总数的 2/3。

正确做法：招投标管理办公室主任退出评标委员会，从国务院有关部门或省、自治区、直辖市政府有关部门提供的专家名册中再至少随机抽取 1 名技术经济专家，由 5 人以上单数组成评标委员会。

4.（1）B 施工单位的投标书是无效标。

理由：B 施工单位投标报价明显低于其他投标单位报价且无法合理说明理由，可认为其是低于成本报价。

（2）D 施工单位的投标书是有效标。

理由：D 施工单位的投标书不属于重大偏差，属于可修正的错误。招标投标法规定，投标文件中大写金额和小写金额不一致的，以大写金额为准。

（3）F 施工单位的投标书是无效标。

理由：F 施工单位的投标文件中提供的检验标准和方法不符合招标文件的要求，属于未作实质性响应的重大偏差，故属于无效标。

（4）H 施工单位的投标书是有效标。

理由：H 施工单位的投标书基本上符合招标文件的要求，但在个别地方存在漏项属于细微偏差，招标投标法规定，对招标文件的响应存在细微偏差的投标文件仍属于有效投标书。

5. 建设工程施工合同示范文本通用条款规定，因不可抗力事件导致的费用及延误的工期由双方按以下方法分别承担：①工程本身的损害、因工程损害导致第三方人员伤亡和财产损失以及运至施工场地用于施工的材料和待安装的设备的损害，由发包人承担；②承发包双方人员的伤亡损失，分别由各自负责；③承包人机械设备损坏及停工损失，由承包人承担；④停工期间，承包人应工程师要求留在施工场地的必要的管理人员及保卫人员的费用由发包人承担；⑤工程所需清理、修复费用，由发包人承担；⑥延误的工期相应顺延。

（1）本题中火灾由雷电引起，故属于不可抗力；

（2）建设单位应承担的损失或费用包括：①工程本身的损失150万元；②待安装设备报废损失100万元；③其他单位临时停放在现场的汽车被烧毁损失25万元；④管理保卫人员费用支出1万元；⑤工程所需清理、修复费用200万元。

（3）G施工单位应承担的损失或费用包括：①施工单位人员烧伤所需医疗费及补偿费15万元；②租赁的施工设备损坏赔偿10万元；③施工机械闲置损失2万元。

案例三

1．（1）承包方要保证主体结构分部工程质量等级达到优良标准，对柱子工程质量问题的三种处理方案中，方案二可满足要求，应选择方案二。

（2）合同中要求质量目标为优良，主体分部工程必须优良，采取方案二，所在分部工程可评为优良。此方案可行。

方案一所在主体分部工程不能评为优良，不能实现合同目标。

方案三所在主体分部工程不能评为优良，不能实现合同目标。

2．承包方提出顺延工期2个月的要求不合理。

理由：该工程施工合同工期为18个月，增加K工作后总工期为19个月，增加了1个月。所以，监理工程师应该签证批准的顺延工期为1个月。

3．承包方提出的对增加工程量的结算费用不合理。

理由：增加了K工作的土方工程为3500m³，超过了估算工程量22000×15％＝3300（m³）。所以，应进行单价调整，新单价＝16×0.9＝14.4（元）。

土方工程款＝3300×16＋（3500－3300）×14.4＝55680（元）

增加K工作混凝土工程＝200m³，小于估算工程量1800×15％＝270（m³），所以不进行总价调整。

混凝土工程款＝200×320＝64000（元）

监理工程师应鉴证费用＝55680＋64000＝119680（元）。

4．建设单位在工程未正式验收前提前使用不能视为该工程已经验收。

根据建设工程施工合同示范文本中关于竣工验收的有关规定，工程未经竣工验收或竣工验收未通过的，发包人不得使用。由此发生的质量问题及其他问题，由发包人承担责任。

案例四

1．该网络计划的计算工期T_c＝25个月，其计算过程如图5-3所示。

关键线路为①→②→③→④→⑥→⑦→⑨，关键工作为A、E、H、I、K。

为确保工程按期完成，应该将A、E、H、I、K等施工过程作为重点控制对象。因为它们是关键工作，时差都为零。

2．当该计划执行7个月以后，监理工程师检查时发现施工过程E将会拖后两个月，此时施工过程E的实际进度将会影响总工期2个月，因为E是关键工作。

3．为了保证总工期不延长，当采用流水施工组织方式赶工时，可以考虑以下的调整

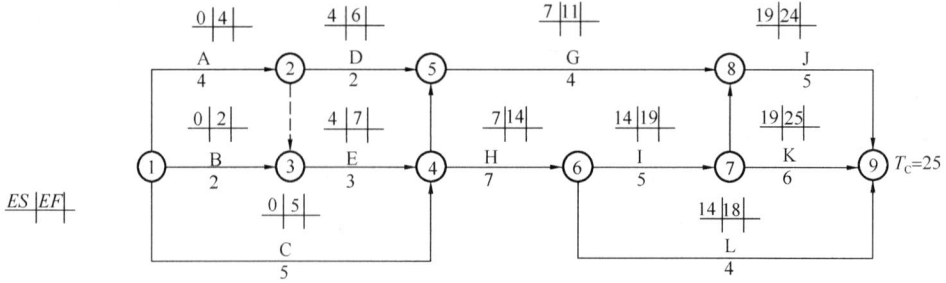

图 5-3 网络计划计算进程图（单位：月）

方案：

（1）组织 H、I、J、K 进行流水施工；

（2）组织 H、I 进行流水施工；

（3）组织 H、I、K 的流水施工；

（4）组织 H、I、J 的流水施工。现分述如下。

方案 1：组织 H、I、J、K 四项工作进行流水施工。

由于各项工作（施工过程）的流水节拍不完全相等，而且每项工作在各个施工段中的流水节拍也不完全相等，所以只能组织非节奏流水施工。

①计算各个施工过程之间的流水步距 K_{ij}，采用"累加数列错位相减取大差"法计算。

H 与 I 两个施工过程间的流水步距 $K_{HI}=4$，
$$\begin{array}{r} 2,\ 5,\ 7 \\ -)\quad 1,\ 3,\quad 5 \\ \hline 2,\ ④,\ 4,\ -5 \end{array}$$

I 与 K 两个施工过程间的流水步距 $K_{IK}=1$，
$$\begin{array}{r} 1,\ 3,\ 5 \\ -)\quad 2,\ 5,\quad 6 \\ \hline ①,\ 1,\ 0,\ -6 \end{array}$$

I 与 J 两个施工过程间的流水步距 $K_{IJ}=2$，
$$\begin{array}{r} 1,\ 3,\ 5 \\ -)\quad 2,\ 3,\quad 5 \\ \hline 1,\ 1,\ ②,\ -5 \end{array}$$

②计算 H、I、J、K 流水施工的施工工期（注意流水施工）。

流水施工工期需要按二条路线 H→I→K 和 H→I→J 分别计算。

$T_{HIJ}=\sum K+\sum t_j-(\sum G+\sum Z-\sum C)=(K_{HI}+K_{IJ})+(2+1+2)+0$
$=(4+2)+5=11$（月）；

$T_{HIK}=\sum K+\sum t_K+(\sum G+\sum Z-\sum C)=(K_{HI}+K_{IK})+(4+1)+(2+3+1)+0$
$=5+6=11$（月）。

③计算总工期。

因为按 E 工作拖后两个月考虑，则 E 工作的完成时间为 $7+2=9$，即第 9 个月末完成，所以 H 工作的开始时间也是第 9 个月末。

总工期 $T_1=9+\max\{T_{HIJ},\ T_{HJK}\}=9+\max\{11,\ 11\}=9+11=20$（个月）$<25$，能满足要求。其流水施工横道图如图 5-4 所示。

方案 2：组织 H、I 两项工作（施工过程）进行流水施工。

①H 与 I 两项工作间的流水步距 $K_{HI}=4$。

52

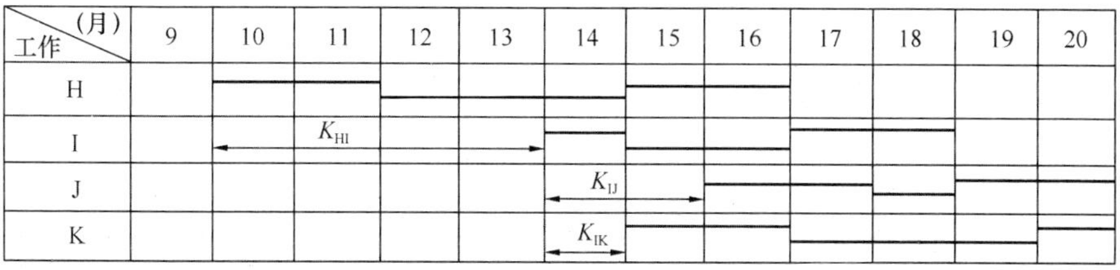

工作＼(月)	9	10	11	12	13	14	15	16	17	18	19	20
H												
I		K_{HI}										
J						K_{IJ}						
K						K_{IK}						

图 5-4　流水施工横道图

②H、I 的流水施工工期

$$T_{HI}=K_{HI}+\sum t_I=4+（1+2+2）=9$$

③总工期 $T_2=9+T_{HI}+\max\{t_J,t_K\}=9+9+\max\{5,6\}=9+9+6=24$（个月）$<25$，可以满足要求。

其流水施工图如图 5-5 所示。

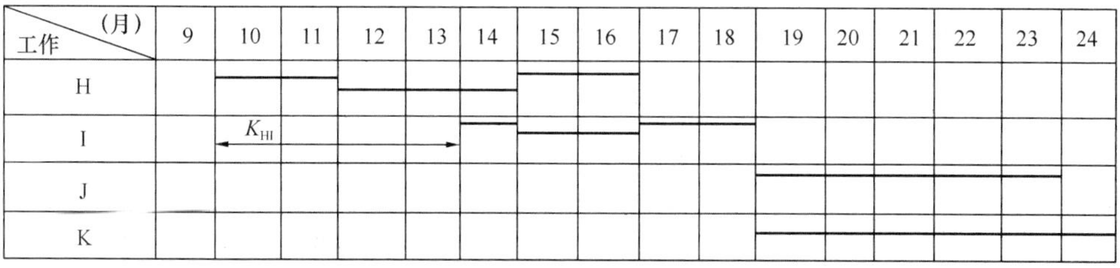

工作＼(月)	9	10	11	12	13	14	15	16	17	18	19	20	21	22	23	24
H																
I		K_{HI}														
J																
K																

图 5-5　流水施工横道图

方案 3：组织 H、I、K 流水施工，J 不参与流水施工。

①由前已知 $K_{H,I}=4$，$K_{I,K}=1$

②计算 H、I、K 流水施工工期

$$T_{HIK}=\sum K+\sum t_K=（4+1）+（2+3+1）=11（月）$$

③计算总工期 T_3。要分别考虑两条路线，取其长者。

$$T'_3=9+T_{HIK}=9+11=20（月）$$

$$T''_3=9+T_{HI}+t_J=9+K_{HI}+\sum t_I+\sum t_J=9+4+（1+2+2）+（2+1+2）=23（月）$$

$T_3=\max\{T'_3,T''_3\}=\max\{20,23\}=23$ 个月，其流水施工图如图 5-6 所示。

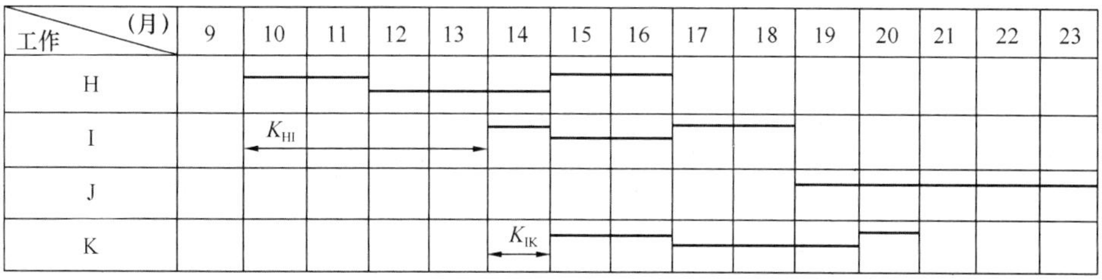

工作＼(月)	9	10	11	12	13	14	15	16	17	18	19	20	21	22	23
H															
I		K_{HI}													
J															
K						K_{IK}									

图 5-6　流水施工横道图

方案 4：组织 H、I、J 流水施工，K 不参与流水施工。

①由前已知 $K_{H,I}=4$，$K_{IJ}=2$。

②计算 H、I、J 流水施工工期

$$T_{HIJ}=K_{HI}+K_{IJ}+\sum t_J=4+2+5=11（月）$$

③计算总工期 T_3。要分别考虑两条路线，取其长者。

$$T'_3=9+T_{HIJ}=9+11=20（月）$$

$$T''_3=9+K_{HI}+\sum t_I+\sum t_K=9+4+5+6=24（月）$$

所以 $T_3=\max\{T'_3,T''_3\}=\max\{20,24\}=24$ 个月，如图 5-7 所示。

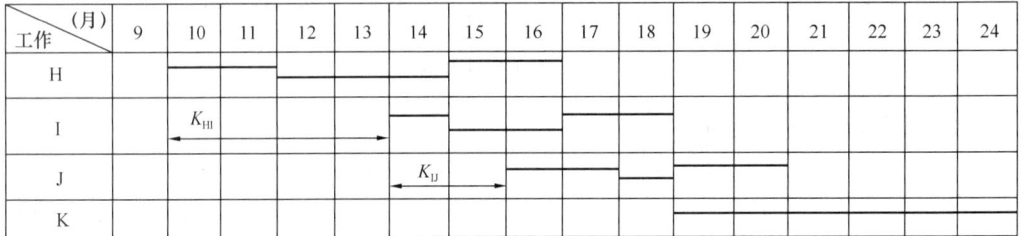

(月) 工作	9	10	11	12	13	14	15	16	17	18	19	20	21	22	23	24
H																
I		K_{HI}														
J						K_{IJ}										
K																

图 5-7　流水施工横道图

比较以上 4 个流水施工方案，如表 5-4 所示。

4 个流水施工方案比较　　　　　　　　表 5-4

方案	流水施工组织	总工期（月）	满足要求？	特　　　　点	
1	H、I、J、K 流水	20	√	工期最短	参与流水专业队多，组织复杂	—
2	H、I 流水	24	√	工期最长	参与流水专业队少，组织简单	后二项工作 J、K 留有余地，以后可利用
3	H、I、K 流水	23	√	工期最短	介于方案 1、2 之间，中等复杂	—
4	H、I、J 流水	24	√	工期最长	介于方案 1、2 之间，中等复杂	不可取，与方案 2 相比，无优越性

4. 若压缩某些施工过程的持续时间，对原计划进行调整，则：

（1）最优调整方案为：①压缩 K 一个月，增加直接费 4.0 万元，此时形成两条关键路线；②压缩 I 一个月，增加直接费 4.5 万元。

（2）共压缩 2 个月可以满足工期不延长的要求，共增加直接费＝4.0＋4.5＝8.5（万元）。

因为增加的直接费最少，所以采取本调整方案。

如果采用另一个方案，则：①先压缩 K 一个月，J 也成为关键工作；②再压缩 J、K 各一个月。这样可满足要求，但增加的直接费＝2×4.0＋3.5＝11.5（万元），比最优方案高。

案例五

1. 监理规划的内容不妥的地方有：

（1）监理目标不妥。

理由：因监理目标不明确，应按三个标段（合同段）的承包合同分别列出各分解控制目标。

（2）①监理内容中第 1 条不妥。

理由：因施工合同已签订，不应将招标列入本监理规划中。本条应该删除。

②监理内容中第2条不妥。

理由：因审查概算是设计阶段的工作内容，不应列入本监理规划中。本条应该删除。

2.（1）恰当。从监理规划的作用来说，其基本内容构成应有可操作性。

（2）恰当。这是由工程项目的特殊性、单件性所决定的。

（3）不恰当。因资金筹措计划应在项目决策阶段由业主确定。

（4）不恰当。因监理规划是施工阶段的，而不是实施阶段的。

案例六

1. 估算合同总价为：$5300 \times 180 = 95.4$（万元）

工程预付款金额为：$95.4 \times 20\% = 19.08$（万元）

工程预付款应从第3个月起扣留，因为第1、2两个月累计工程款为：

$1800 \times 180 = 32.4$（万元）$> 95.4 \times 30\% = 28.62$（万元）

每月应扣工程预付款为：$19.08 \div 3 = 6.36$（万元）

2. 每月进度款支付：

（1）第1个月：

工程量价款为：$800 \times 180 = 14.40$（万元）

应签证的工程款：$14.40 \times 0.95 = 13.68$（万元）$< 15$（万元），第1个月不予付款。

（2）第2个月：

工程量价款：$1000 \times 180 = 18.00$（万元）

应签证的工程款：$18.00 \times 0.95 = 17.10$（万元）

$13.68 + 17.10 = 30.78$（万元）

应签发的付款凭证金额为30.78（万元）

（3）第3个月：

工程量价款为：$1200 \times 180 = 21.60$（万元）

应签证的工程款：$21.60 \times 0.95 = 20.52$（万元）

应扣工程预付款：6.36（万元）

$20.52 - 6.36 = 14.16$（万元）< 15（万元），第3个月不予签发付款凭证。

（4）第4个月：

工程量价款为$1200 \times 180 = 21.60$（万元）

应签证的工程款：$21.60 \times 0.95 = 20.52$（万元）

应扣工程预付款为：6.36（万元）

应签发的付款凭证金额为：

$14.16 + 20.52 - 6.36 = 28.32$（万元）

（5）第5个月：

累计完成工程量为$5400m^3$，比原估算工程量超出$100m^3$，但未超出估算工程量的10%，所以仍按原单价结算。

第5个月工程量价款为：$1200 \times 180 = 21.60$（万元）

应签证的工程款为：20.52（万元）

应扣工程预付款为：6.36（万元）

$20.52-6.36=14.16$（万元）<15（万元），第 5 个月不予签发付款凭证。

（6）第 6 个月：

累计完成工程量为 $5900m^3$，比原估算工程量超出 $600m^3$，已超出估算工程量的 10%，对超出的部分应调整单价。

应按调整后的单价结算的工程量为：$5900-5300\times(1+10\%)=70$（$m^3$）

第 6 个月工程量价款为：$70\times180\times0.9+(500-70)\times180-8.874$（万元）

应签证的工程款为：$8.874\times0.95-8.43$（万元）

应签发的付款凭证金额为：$14.16+8.43=22.59$（万元）

第六套模拟试卷

案例一

某实施监理的市政工程分为四个施工标段。某监理单位承担了该工程施工阶段的监理任务，一、二标段工程先行开工，项目监理机构组织形式如图 6-1 所示。

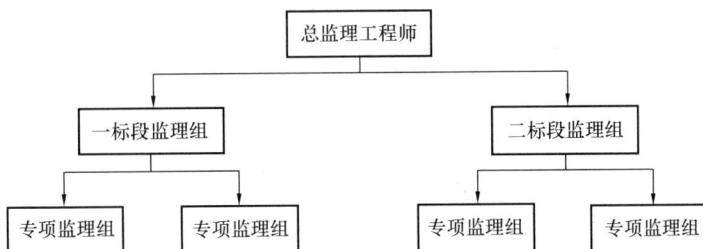

图 6-1　一、二标段工程项目监理机构组织形式

一、二标段工程开工半年后，三、四标段工程相继准备开工，为适应整个项目监理工作的需要，总监理工程师决定修改监理规划，调整项目监理机构组织形式，按四个标段分别设置监理组，增设投资控制部、进度控制部、质量控制部和合同管理部四个职能部门，以加强各职能部门的横向联系，使上下、左右集权与分权实行最优的结合。

总监理工程师调整了项目监理机构组织形式后，安排总监理工程师代表按新的组织形式调配相应的监理人员、主持修改项目监理规划、审批项目监理实施细则；又安排质量控制部签发一标段工程的质量评估报告；并安排专人主持整理项目的监理文件档案资料。

总监理工程师强调该工程监理文件档案资料十分重要，要求归档时应直接移交本监理单位和城建档案管理机构保存。

【问题】

1. 图 6-1 所示项目监理机构属于何种组织形式？说明其主要优点。

2. 调整后的项目监理机构属于何种组织形式？画出该组织结构示意图，并说明其主要缺点。

3. 指出总监理工程师调整项目监理机构组织形式后安排工作的不妥之处，写出正确做法。

4. 指出总监理工程师提出监理文件档案资料归档要求的不妥之处，写出监理文件档案资料归档程序。

案例二

某实施监理的工程，在招标与施工阶段发生如下事件：

事件 1：招标代理机构提出，评标委员会由 7 人组成，包括建设单位纪委书记、工会主席、当地招标投标管理办公室主任，以及从评标专家库中随机抽取的 4 位技术、经济专家。

事件 2：建设单位要求招标代理机构在招标文件中明确：投标人应在购买招标文件时提交投标保证金；中标人的投标保证金不予退还；中标人还需提交履约保函，保证金额为合同总额的 20%。

事件 3：施工中因地震导致：施工停工 1 个月；已建工程部分损坏；现场堆放的价值 50 万元的工程材料（施工单位负责采购）损毁；部分施工机械损坏，修复费用 20 万元；现场 8 人受伤。施工单位承担了全部医疗费 24 万元（其中建设单位受伤人员医疗费 3 万元，施工单位受伤人员医疗费 21 万元）；施工单位修复损坏工程支出 10 万元。施工单位按合同约定向项目监理机构提交了费用补偿和工程延期申请。

事件 4：建设单位采购的大型设备运抵施工现场后，进行了清点移交。施工单位在安装过程中该设备一个部件损坏，经鉴定，部件损坏是由于本身存在质量缺陷。

【问题】

1. 指出事件 1 中评标委员会人员组成的不正确之处，并说明理由。

2. 指出事件 2 中建设单位要求的不妥之处，并说明理由。

3. 根据《建设施工合同（示范文本）》，分析事件 3 中建设单位和施工单位各自承担哪些经济损失。项目监理机构应批准的费用补偿和工程延期各是多少？（不考虑工程保险）

4. 就施工合同主体关系而言，事件 4 中设备部件损坏的责任应由谁承担，并说明理由。

案例三

某工程，建设单位委托监理单位承担施工招标代理和施工阶段监理工作，并采用无标底公开招标方式选定施工单位。工程实施过程中发生下列事件：

事件 1：项目监理机构在组织评审 A、B、C、D、E 五家施工单位的投标文件时发现：A 单位施工方案工艺落后，报价明显高于其他投标单位报价；B 单位投标文件的关键内容字迹模糊、无法辨认；C 单位投标文件符合招标文件要求；D 单位的报价总额有误；E 单位投标文件中某分部工程的报价有个别漏项。

事件 2：为确保深基坑开挖工程的施工安全，施工项目经理亲自兼任施工现场的安全生产管理员。为赶工期，施工单位在报审深基坑开挖工程专项施工方案的同时即开始该基坑开挖。

事件 3：施工单位对某分项工程的混凝土试块进行试验，试验数据表明混凝土质量不合格。于是委托经监理单位认可的有相应资质的检测单位对该分项工程混凝土实体进行检测，检测结果表明，混凝土强度达不到设计要求，须加固补强。

事件 4：专业监理工程师巡视时发现，施工单位采购进场的一批钢材准备用于工程，但尚未报验。

【问题】

1. 事件 1 中 A、B、D、E 四家单位的投标文件是否有效？分别说明理由。

2. 指出事件 2 中施工单位做法的不妥之处，写出正确做法。

3. 根据《建设工程监理规范》，写出总监理工程师处理事件 3 的程序。

4. 写出专业监理工程师处理事件 4 的程序。

案例四

某实行监理的工程，建设单位通过招标选定了甲施工单位，施工合同中约定：施工现场的建筑垃圾由甲施工单位负责清除，其费用包干并在清除后一次性支付；甲施工单位将混凝土钻孔灌注桩分包给乙施工单位。建设单位、监理单位和甲施工单位共同考察确定商品混凝土供应商后，甲施工单位与商品混凝土供应商签订了混凝土供应合同。

施工过程中发生下列事件：

事件 1：甲施工单位委托乙施工单位清除建筑垃圾，并通知项目监理机构对清除的建筑垃圾进行计量。因清除建筑垃圾的费用未包含在甲、乙施工单位签订的分包合同中，乙施工单位在清除完建筑垃圾后向甲施工单位提出费用补偿要求。随后，甲施工单位向项目监理机构提出付款申请，要求建设单位一次性支付建筑垃圾清除费用。

事件 2：在混凝土钻孔灌注桩施工过程中，遇到地下障碍物，使桩不能按设计的轴线施工。乙施工单位向项目监理机构提交了工程变更申请，要求绕开地下障碍物进行钻孔灌注桩施工。

事件 3：项目监理机构在钻孔灌注桩验收时发现，部分钻孔灌注桩的混凝土强度未达到设计要求，经查是商品混凝土质量存在问题。项目监理机构要求乙施工单位进行处理，乙施工单位处理后，向甲施工单位提出费用补偿要求。甲施工单位以混凝土供应商是建设单位参与考察确定的为由，要求建设单位承担相应的处理费用。

【问题】

1. 事件 1 中，项目监理机构是否应对建筑垃圾清除进行计量？是否应对建筑垃圾清除费签署支付凭证？说明理由。

2. 事件 2 中，乙施工单位向项目监理机构提交工程变更申请是否正确？说明理由。写出项目监理机构处理该工程变更的程序。

3. 事件 3 中，项目监理机构对乙施工单位提出要求是否妥当？说明理由。写出项目监理机构对钻孔灌注桩混凝土强度未达到设计要求问题的处理程序。

4. 事件 3 中，乙施工单位向甲施工单位提出费用补偿要求是否妥当？说明理由。甲施工单位要求建设单位承担相应的处理费用是否妥当？说明理由。

案例五

某市政工程，项目的合同工期为 38 周。经总监理工程师批准的施工总进度计划如图 6-2 所示（时间单位：周），各工作可以缩短的时间及其增加的赶工费用如表 6-1 所示，其

可缩短的时间及其增加的赶工费用表　　　　　　　　　　　　　　表 6-1

名　称	分　部　工　程													
	A	B	C	D	E	F	G	H	I	J	K	L	M	N
可缩短的时间/周	0	1	1	1	2	1	1	0	2	1	1	0	1	3
增加的赶工费/（万元/周）		0.7	1.2	1.1	1.8	0.5	0.4		3.0	2.0	1.0		0.8	1.5

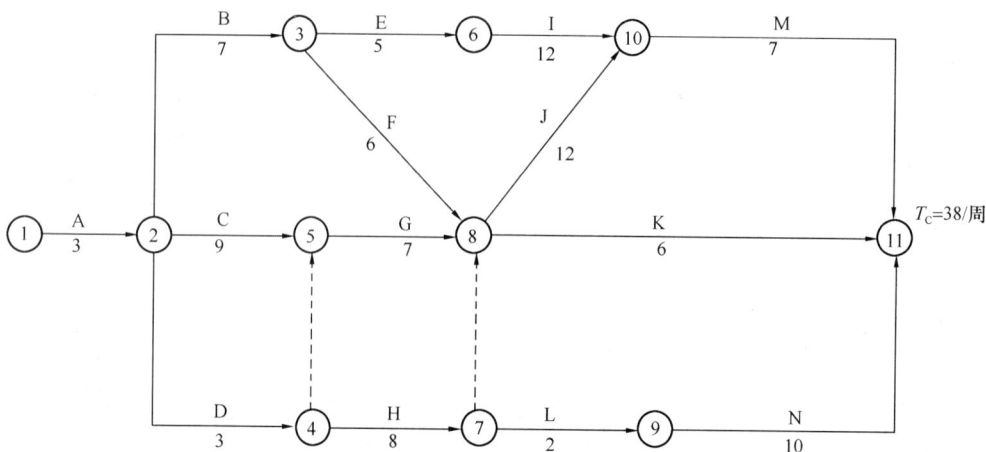

图 6-2　施工总进度计划图

中 H、L 分别为道路的路基、路面工程。

【问题】

1. 开工 1 周后，建设单位要求将总工期缩短 2 周，故请监理单位帮助拟定一个合理赶工方案以便与施工单位洽商，请问如何调整计划才能既实现建设单位的要求又能使支付施工单位的赶工费用最少？说明步骤和理由。

2. 建设单位依据调整后的方案与施工单位协商，并按此方案签订了补充协议，施工单位修改了施工总进度计划。在 H、L 工作施工前，建设单位通过设计单位将此 400m 的道路延长至 600m。请问该道路延长后 H、L 工作的持续时间为多少周（设工程量按单位时间均值增加）？对修改后的施工总进度计划的工期是否有影响？为什么？

3. H 工程施工的第 1 周，监理人员检查发现路基工程分层填土厚度超过规范规定，为保证工程质量，总监理工程师签发了工程暂停令，停止了该部位工程的施工。总监理工程师的做法是否正确？总监理工程师在什么情况下可签发工程暂停令？

案例六

某大型工程项目地质情况复杂，由于工程项目建设任务十分紧迫，要求尽快开工并按时竣工，基础处理工程量难以准确确定。因此，业主根据监理单位的建议，与承包方签订了施工固定单价合同，对于工程变更、工程计量、合同价款的调整及工程款的支付等都做了规定。

【问题】

1. 在施工过程中，若承包商根据监理工程师的指示就部分工程进行了变更施工，试问变更部分合同价款应根据什么原则进行确定？变更价款的确定应当按什么样的程序进行？

2. 若由于发包方提出的工程变更要求而引发承包方的费用索赔和延长工期的要求，但发包方与承包方对该项索赔要求未取得一致，应如何解决该纠纷？

3. 在施工过程中，遇到数天季节性大雨后又转为特大暴雨引起山洪暴发，造成现场临时道路、管网和施工用房等设施以及已施工的部分基础被冲坏，施工设备损坏，运进现场的部分材料被冲走，乙方数名施工人员受伤，雨后乙方用了很多工时清理现场和恢复施工条件。为此乙方按照索赔程序提出了延长工期和费用补偿要求。试问监理工程师应如何审理？

第六套模拟试卷参考答案、考点分析

案例一

1. （1）项目监理机构属于直线制组织形式。

（2）优点：机构简单，权力集中，命令统一，职责分明，决策迅速，隶属关系明确。

2. （1）调整后的项目监理机构属于矩阵制组织形式。

（2）矩阵制组织结构示意图，如图6-3所示。

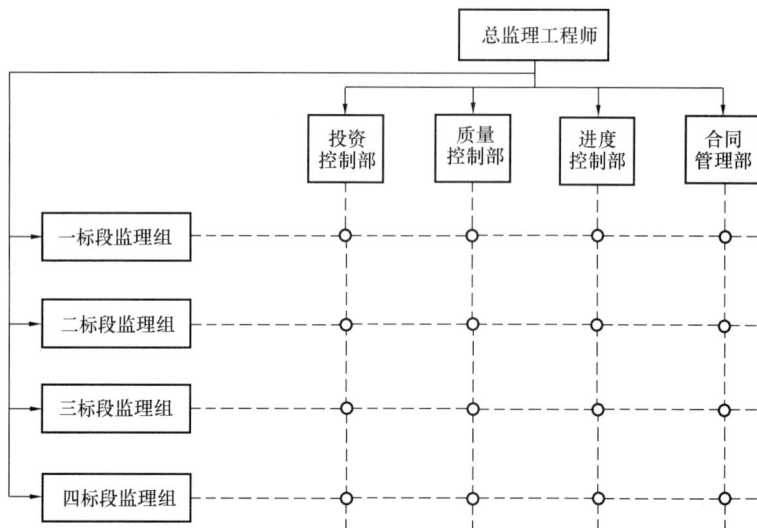

图6-3　矩阵制组织结构示意图

（3）缺点：纵横向协调工作量大；处理不当会造成扯皮现象，产生矛盾。

3. 总监理工程师调整项目监理机构组织形式后安排工作的不妥之处及正确做法：

（1）不妥之处：安排总监理工程师代表调配相应监理人员。

正确做法：应由总监理工程师负责调配相应监理人员。

（2）不妥之处：安排总监理工程师代表主持修改项目监理规划。

正确做法：应由总监理工程师主持修改项目监理规划。

（3）不妥之处：安排总监理工程师代表审批项目监理实施细则。

正确做法：应由总监理工程师审批项目监理实施细则。

（4）不妥之处：安排质量控制部签发一标段工程的质量评估报告。

正确做法：应由总监理工程师和监理单位技术负责人签发。

（5）不妥之处：安排专人主持整理监理文件档案资料。

正确做法：应由总监理工程师主持整理监理文件档案资料。

4. （1）总监理工程师提出监理文件档案资料归档要求的不妥之处：直接移交城建档案管理机构。

（2）监理文件档案资料归档程序：项目监理机构向监理单位移交归档，监理单位向建设单位移交归档，建设单位向城建档案管理机构移交归档。

案例二

1. 总监理工程师不应批准延期开工申请。

理由：根据《建设工程施工合同（示范文本）》规定，如果承包人不能按时开工，应在协议约定的开工日期前 7 天以书面形式向监理工程师提出延期开工的理由和要求。事件 1 中，施工单位在合同约定的开工日前第 5 天向项目经理机构提出延期开工的申请不符合要求，因此，总监理工程师不应批准延期开工申请。

2. 根据《建设工程监理规范》（GB 50319），该工程开工，还应具备以下条件：①施工组织设计已经获总监理工程师批准；②机具、施工人员已进场，主要工程材料已落实；③进场道路及水、电、通讯等已满足开工要求。

3. 该施工进度计划的工期为 75 天，关键工作为 A、D、E、H、K。

C 工作自由时差＝9＋15＋24－9－12＝27 天，总时差＝75－9－12－9－8＝37 天。

D 工作为关键工作，因此，自由时差为 0，总时差为 0。

F 工作的自由时差＝26－9－8－9＝0，总时差＝75－9－8－9－15－12＝22 天。

4. A 工作已完成，对总工期及紧后工作无影响。

B 工作已完成，对总工期及紧后工作无影响。

C 工作已完成 6 天的工作量，拖延了 5 天，拖延的时间既没有超过总时差，也没有超过自由时差，对总工期及紧后工作无影响。

D 工作已完成 5 天的工作量，拖延了 6 天，D 工作为关键线路，预计会使总工期延长 6 天，也会影响紧后工作。

5. 针对事件 3 中 F 工作在 B 工作未经验收的情况下就开工的情形，应下达局部工程验收令，达到验收条件后，报项目监理机构，并由施工方承担所造成的费用及工期损失。

案例三

1. 事件 1 中，有效的投标文件包括 A、D、E 单位。理由：A 单位施工方案落后，报价高于其他单位，在评标过程中不占优势，但仍属有效标。D 单位报价总额有误，应以单价金额为准，但仍属有效标。E 单位个别漏项，可补正遗漏，仍属有效标。B 单位无效。B 单位文件中关键内容字迹模糊，无法辨认，为无效投标文件。

2. 事件 2 中施工单位做法的不妥之处：①施工项目经理不能兼任现场安全管理员；②深基坑开挖专项施工方案在报审的同时就开始开挖。

正确做法：①施工现场应配备专职的安全生产管理员。②深基坑开挖专项施工方案应由施工单位组织论证，并由施工单位技术负责人审核签字后报监理单位审查，由监理方审核签认之后方可组织施工。

3. 根据《建设工程监理规范》，总监理工程师处理事件 3（需加固补强的质量事故）的处理程序：

（1）总监理工程师应责令承包单位报送质量事故调查报告和经设计单位等相关单位认可的处理方案；

（2）项目监理机构应对质量事故处理过程和处理结果进行跟踪检查和验收；

（3）总监理工程师应及时向建设单位及本监理单位提交有关质量事故的书面报告，并应将完整的质量事故处理记录整理归档。

4. 专业监理工程师对事件 4 的处理程序如下:

(1) 对未经报验的钢材,应拒绝签认并要求施工单位不得使用;

(2) 报告总监理工程师,并签发监理工程师通知单,书面通知承包单位予以整改,对钢材进行报验。

(3) 要求承包单位在材料进场前应向项目监理机构提交《工程材料报审表》,同时附有产品出厂合格证、技术说明书以及由承包单位按规定要求进行检验的检验或试验报告,需要时,监理工程师可再行组织复检或见证取样试验,经监理工程师审查并确认其质量合格后,方准进场。

(4) 凡没有出厂合格证明或检验不合格的,应限期清退出场。

案例四

1. (1) 事件 1 中项目监理机构不应对建筑垃圾清除进行计量。

理由:施工合同约定,建筑垃圾清除费用实行包干。

(2) 事件 1 中,项目监理机构应对建筑垃圾清除费签署支付凭证。

理由:施工合同约定,建筑垃圾清除费用在清除后一次性支付。

2. (1) 事件 2 中,乙施工单位向项目监理机构提交工程变更申请是不正确的。

理由:乙施工单位与建设单位没有任何合同关系。

(2) 项目监理机构处理该工程变更的程序:项目监理单位接到甲施工单位提交的工程变更申请后,应由总监理工程师组织专业监理工程师根据实际情况和工程变更有关的资料进行审查,审查同意后,由建设单位转交原设计单位编制设计变更文件,并对工程变更的费用和工期作出评估,总监理工程师就工程变更费用及工期的评估情况与甲施工单位和建设单位进行协调,最后由总监理工程师签发工程变更单。

3. (1) 事件 3 中,项目监理机构对乙施工单位提出要求不妥当。

理由:乙施工单位是分包单位,它与建设单位无合同关系,而建设单位与甲施工单位有合同关系。因此,监理方应向甲施工单位提出书面通知,要求甲施工单位进行处理,即通过甲施工单位,要求对就地灌注桩进行处理。

(2) 项目监理机构对钻孔灌注桩混凝土强度未达到设计要求问题的处理程序:①当发现灌注桩混凝土强度不符合设计要求时,立即向施工单位发出《监理通知》,要求其对质量问题采取补救措施,并写出质量问题调查报告,提出处理方案,填写《监理通知回复单》,报监理工程师审批处理。②施工单位在监理工程师的组织与参与下,尽快进行调查,并完成调查报告。③监理工程师审核、分析质量问题调查报告,确认其产生的原因,并在原因分析的基础上审核签认其处理方案。④监理方指令施工单位按既定的方案实施处理,并跟踪检查。⑤质量问题的处理后,经严格检验、签定通过后,写出质量问题处理报告,报建设单位及监理单位存档。

4. (1) 事件 3 中,乙施工单位向甲施工单位提出费用补偿要求妥当。

理由:商品混凝土供应商是与甲施工单位签订的混凝土供应合同。

(2) 事件 3 中,甲施工单位要求建设单位承担相应的处理费用不妥当。

理由:建设单位是对商品混凝土供应商的确认,并不承担质量不符合要求的责任。

案例五

1. 由题可知,关键工作为:A、C、G、J、M,应选择关键工作作为压缩对象;又因为压缩 G、M 增加的赶工费用分别为最低、次低，并且均可压缩 1 周，压缩之后仍为关键工作。因此，应分别将分部工程 G 和 M 各压缩 1 周。

工期优化的步骤为：

（1）确定初始网络计划的计算工期和关键线路。

（2）按要求工期计算应缩短的时间。

（3）选择应缩短持续时间的关键工作（从需增加的费用最少的关键工作开始）。

（4）将所选定的关键工作的持续时间压缩至最短，并重新确定计算工期和关键线路；若被压缩的工作变成非关键工作，则应延长其持续时间，使之仍为关键工作。

（5）当计算工期仍超过要求工期时，则重复上述步骤（2）～（4），直至计算工期满足要求工期或计算工期已不能再缩短为止。

（6）当所有关键工作的持续时间都已达到其缩短的极限而寻求不到继续缩短工期的方案，但网络计划的计算工期仍不能满足要求工期时，应对网络计划的原技术方案、组织方案进行调整，或对要求工期重新审定。

2. H 工作从 8 周延长到 12 周（8×600/400＝12）；

L 工作从 2 周延长到 3 周（2×600/400＝3）。

设计变更后对修改后的施工总进度计划工期没有影响。

理由：工作的延长没有超过总时差，故对修改后的施工总进度计划的工期不会产生影响。

3. 总监理工程师的做法是正确的。

为了保证工程质量，总监理工程师可以进行停工处理。在发生下列情况之一时，总监理工程师可签发工程暂停令：

（1）建设单位要求暂停施工，且工程需要暂停施工；

（2）为了保证工程质量而需要进行停工处理；

（3）施工出现了安全隐患，总监理工程师认为有必要停工以消除隐患；

（4）发生了必须暂时停止施工的紧急事件；

（5）承包单位未经许可擅自施工，或拒绝项目监理机构管理。

案例六

1. 设计变更后，变更合同价款的调整按下列原则和方法进行：

（1）合同中已有适用于变更工程的价格，按合同已有的价格变更合同价款；

（2）合同中只有类似于变更工程的价格，可以参照类似价格变更合同价款；

（3）合同中没有适用或者类似于变更工程的价格，由承包人提出适当的变更价格，经工程师确认后执行。

确定变更价款的程序是：

（1）承包人在工程变更确定后的 14 天内，向工程师书面提出有关变更价款的报告，经工程师确认后相应调整合同价款；如果承包人在工程变更确定后的 14 天内未向工程师提出变更价款的报告，视为该项变更不涉及对合同价款的调整。

（2）工程师应在收到报告后的 14 日内对承包人的要求予以确认或者做出其他答复。工程师无正当理由不确认或答复时，自承包人的报告送达之日起的 14 天后，变更价款的报告视为被确认。

（3）工程师确认增加的工程变更价款作为追加合同价款，与工程进度同期支付。

2. 合同双方发生争议可通过下列途径寻求解决：请第三方调解；按合同约定的仲裁条款申请仲裁；向有管辖权的法院起诉。

3. 对于特大暴雨引起的山洪暴发不能视为一个有经验的承包商预先能够合理估计的因素，应按不可抗力处理由此引起的索赔问题。被冲坏的现场临时道路、管网和施工用房等设施以及已施工的部分基础，被冲走的部分材料，清理现场和恢复施工条件等经济损失应由甲方承担；损坏的施工设备，受伤的施工人员以及由此造成的人员窝工和设备闲置等经济损失应由乙方承担；工期顺延。

第七套模拟试卷

案例一

某实施监理的工程项目，于 2011 年 3 月 18 日开工，在开工后约定的时间内，承包单位将编制好的施工组织设计报送建设单位。建设单位在约定的时间内，委派总监理工程师负责审核，总监理工程师组织专业监理工程师审查，将审定满足要求的施工组织设计报送当地建设行政主管部门备案。

在施工过程中，承包单位提出了施工组织设计改进方案，经建设单位技术负责人审查批准后，实施改进方案。

【问题】

1. 上述内容中有哪些不妥之处？该如何进行？

2. 审查施工组织设计时应掌握的原则有哪些？

3. 对规模大、结构复杂的工程，项目监理机构对施工组织设计审查后，还应怎么办？

案例二

某实施监理的工程，建设单位与甲施工单位签订施工合同，约定的承包范围包括 A、B、C、D、E 五个子项目，其中，子项目 A 包括拆除废弃建筑物和新建工程两部分，拆除废弃建筑物分包给具有相应资质的乙施工单位。

工程实施过程中发生下列事件：

事件 1：由于拆除废弃建筑物的危险性较大，乙施工单位编制了专项施工方案，并组织召开了有甲施工单位与项目监理机构相关人员参加的专家论证会。会后，乙施工单位将该施工方案送交项目监理机构，要求总监理工程师审批。总监理工程师认为该方案已通过专家论证，便签字同意实施。

事件 2：建设单位要求乙施工单位在废弃建筑物拆除前 7 日内，将资质等级证明与专项施工方案报送工程所在地建设行政主管部门。

事件 3：受金融危机影响，建设单位于 2010 年 1 月 20 日正式通知甲施工单位与监理单位，缓建尚未施工的子项目 D、E。而此前，甲施工单位已按照批准的计划订购了用于子项目 D、E 的设备，并支付定金 300 万元。鉴于无法确定复工时间，建设单位于 2010 年 2 月 10 日书面通知甲施工单位解除施工合同。

【问题】

1. 指出事件 1 中的不妥之处，写出正确做法。

2. 指出事件 2 中建设单位的不妥之处，写出正确做法。

3. 事件 3 中，建设单位是否可以解除施工合同？说明理由。如果甲施工单位不同意解除合同而继续子项目 D、E 的施工，项目监理机构应做哪些工作？

4. 事件 3 中，若解除施工合同，根据《建设工程监理规范》，甲施工单位应得到哪些费用补偿？

案例三

某实行监理的工程，建设单位与总承包单位按《建设工程施工合同（示范文本）》签订了施工合同，总承包单位按合同约定将一专业工程分包。

施工过程中发生下列事件：

事件 1：工程开工前，总监理工程师在熟悉设计文件时发现部分设计图纸有误，即向建设单位进行了口头汇报。建设单位要求总监理工程师组织召开设计交底会，并向设计单位指出设计图纸中的错误，在会后整理会议纪要。

在工程定位放线期间，总监理工程师指派专业监理工程师审查《分包单位资格报审表》及相关资料，安排监理员到现场复验总承包单位报送的原始基准点、基准线和测量控制点。

事件 2：由建设单位负责采购的一批材料，因规格、型号与合同约定不符，施工单位不予接收保管，建设单位要求项目监理机构协调处理。

事件 3：专业监理工程师现场巡视时发现，总承包单位在某隐蔽工程施工时，未通知项目监理机构即进行隐蔽。

事件 4：工程完工后，总承包单位在自查自评的基础上填写了工程竣工报验单，连同全部竣工资料报送项目监理机构，申请竣工验收。总监理工程师认为施工过程均按要求进行了验收，便签署了竣工报验单，并向建设单位提交了竣工验收报告和质量评估报告，建设单位收到该报告后，即将工程投入使用。

【问题】

1. 分别指出事件 1 中建设单位、总监理工程师的不妥之处，写出正确做法。
2. 事件 1 中，专业监理工程师在审查分包单位的资格时，应审查哪些内容？
3. 针对事件 2，项目监理机构应如何协调处理？
4. 针对事件 3，写出总承包单位的正确作法。
5. 分别指出事件 4 中总监理工程师、建设单位的不妥之处，写出正确作法。

案例四

某市属工程公司在市内高架线路的混凝土工程施工过程中出现了局部坍塌事故。调查组经技术鉴定认为是施工单位未向监理报批，擅自拆模过早，混凝土未达到足够的强度造成的。由于及时发现，没有造成重大损失，估计损失不足 4 万元，且未造成人身伤亡。

【问题】

1. 该质量事故属于哪一类工程事故？监理单位是否参加质量事故调查组？
2. 工程质量事故处理的依据是什么？
3. 发生此质量事故后，在质量事故调查前，监理工程师应做哪些工作？
4. 此质量事故的技术处理方案应由谁提出？事故处理的基本要求是什么？

案例五

某项工程建设项目，业主与施工单位按《建设工程施工合同（示范）文本》签订了工程施工合同，工程未投保保险。在工程施工过程中，遭受暴风雨不可抗力的袭击，造成了相应的损失，施工单位及时向监理工程师提出索赔要求，并附有与索赔有关的资料和证据。索赔报告中的基本要求如下：

（1）遭暴风雨袭击造成的损失不是施工单位的责任，故应由业主承担赔偿责任。

（2）给已建部分工程造成破坏 18 万元，应由业主承担修复的经济责任，施工单位不承担修复的经济责任。

（3）施工单位人员因此灾害导致数人受伤，处理伤病医疗费用和补偿金总计 3 万元，业主应给予赔偿。

（4）建设方聘请的一名顾问受伤需医疗费用 1 万元，一名在工地避雨的路人由于被大风吹落的物品砸伤需医疗费用 2 千元，业主应给予赔偿。

（5）施工单位进场的在使用机械、设备受到损坏，造成损失 8 万元，由于现场停工造成台班费损失 4.2 万元，业主应负担赔偿和修复的经济责任。工人窝工费 3.8 万元，业主应予支付。

（6）准备安装的一台大型空调由于浸水必须修复需 2 万元，业主应该支付。

（7）因暴风雨造成现场停工 8 天，要求合同工期顺延 8 天。

（8）由于工程破坏，清理现场需费用 2.4 万元，业主应予支付。

【问题】

1. 监理工程师接到施工单位提交的索赔申请后，应进行哪些工作（请详细分条列出）。

2. 因不可抗力发生的风险承担的原则是什么？对施工单位提出的要求，应如何处理（请逐条回答）？

案例六

某高速公路建设工程项目需要进行某号隧洞岩石的开挖。根据施工承包合同的规定，该项施工应执行《工程建设标准强制性条文》（建标〔2000〕234 号文）的规定，进行爆破作业施工，在施工中由于承包商所使用炸药、雷管等存在质量问题，出现瞎炮事故并造成了人员伤亡。此外，该隧洞处于高地应力区的脆硬完整岩体中，岩体形成很高的初始应力，承包商在开挖前的实测和试验工作深度不够，岩体开挖后能量高度集中，岩块产生突发性脆性破裂、飞散，发生了施工安全事故。

【问题】

1. 根据《建设工程安全生产管理条例》（国务院〔2003〕第 393 号令）的规定，施工单位应当设立安全生产管理机构，配备专职安全生产管理人员。试问，按该条例的规定，专职安全生产管理人员的责任是什么？该人员配备办法由什么部门制定？

2. 根据该条例（国务院〔2003〕第 393 号令），试说明施工承包单位及其主要负责人、项目负责人应对本单位的安全生产工作负有什么责任？

3. 如果施工单位的主要负责人和项目负责人违反《建设工程安全生产管理条例》的规定，未履行安全生产管理职责，应负什么法律责任？

第七套模拟试卷参考答案、考点分析

案例一

1. 上述内容的不妥之处及正确做法：

（1）不妥之处：在开工后约定的时间内，报送施工组织设计。

正确做法：应在开工前报送施工组织设计。

（2）不妥之处：承包单位将编制好的施工组织设计报送建设单位。

正确做法：承包单位将编制好的施工组织设计报送项目监理机构。

（3）不妥之处：建设单位委派总监理工程师负责审核。

正确做法：不需建设单位委派。

（4）不妥之处：将审定后的施工组织设计报送当地建设行政主管部门备案。

正确做法：将审定后的施工组织设计由项目监理机构报送建设单位。

（5）不妥之处：施工组织设计改进方案经建设单位技术负责人审查批准后实施。

正确做法：施工组织设计改进方案应由项目监理机构负责审查，由总监理工程师签署意见。

2. 审查施工组织设计时应掌握的原则：

（1）施工组织设计的编制、审查和批准应符合规定的程序。

（2）施工组织设计应符合国家的技术政策，突出"质量第一、安全第一"的原则。

（3）施工组织设计的针对性。

（4）施工组织设计的可操作性。

（5）技术方案的先进性。

（6）质量保证措施健全且切实可行。

（7）安全、环境保护、消防和文明施工措施切实可行。

（8）在满足法规和公司要求的前提下，对施工组织设计的审查，应尊重承包单位的自主技术决策和管理决策。

3. 对规模大、结构复杂的工程，项目监理机构对施工组织设计审查后，应报送监理单位技术负责人审查，提出审查意见后由总监理工程师签发，必要时与建设单位协商，组织有关专业部门和有关专家会审。

案例二

1. 事件1中的不妥之处：

（1）由乙施工单位编制专项施工方案不妥，专家论证会也不应由乙施工单位组织召开。

正确做法：因为甲施工单位是施工总承包单位，专项方案应当由施工总承包单位组织编制，专家论证会也应由施工总承包单位组织召开。

（2）专家论证会的成员组成不够完整。

正确做法：专家论证会的成员除监理单位总监理工程师及相关人员、施工单位的相关人员外，还应包括专家组成员、建设单位、勘察、设计单位的技术负责人等相关人员。

（3）由乙分包单位将施工方案送交项目监理机构不妥。

正确做法：施工方案应先报甲承包单位审核，经甲承包单位技术负责人审核批准后，由甲承包单位报送至项目监理机构。

（4）专项施工方案总监理工程师审批时不能因为已经过专家论证便签字同意实施。

正确做法：总监理工程师应报建设单位，共同研究参与讨论后，签字以后方可同意实施。

2. 建设单位要求乙施工单位在废弃建筑物拆除前 7 日内，将资质等级证明与专项施工方案报送工程所在地建设行政主管部门不正确。

正确做法：根据建筑工程安全生产管理条例规定，建设单位应当在拆除工程施工 15 日前，将施工单位资质等级证明及专项方案等报送工程所在地的县级以上地方人民政府建设行政主管部门或者其他有关部门备案。

3.（1）事件 3 中，建设单位不可以解除施工合同。

理由：建设单位不能单方面解除合同，应与施工单位共同协商。

（2）若甲承包单位不同意解除合同，项目监理机构应做的工作：①及时与合同争议的双方进行磋商，做好协调工作，协调施工单位理解建设单位在金融危机背景下的难处，尽量争取双方协商一致解除合同。②提出调解方案，由总监理工程师进行争议调解。③当调解未能达成一致时，总监理工程师应在施工合同规定期限内提出处理该合同争议的意见。④在合同争议的仲裁或诉讼过程中，当需要时，项目监理机构应公正地向仲裁机关或法院提供与争议有关的证据。

4. 事件 3 中，若解除施工合同，根据《建设工程监理规范》，甲施工单位应得到的费用补偿包括：用于订购子项目 D、E 所需设备而支付的 300 万元；对承包单位撤离施工设备的费用和人员遣返费用按子项目 D、E 所应摊销的部分给予适当补偿；合理的利润补偿。

说明：在双方协商一致，且对甲施工单位的损失已经作了补偿的情况下，不宜再要求建设单位支付违约金，违约金和赔偿损失一般不同时适用。

案例三

1.（1）事件 1 中建设单位的不妥之处以及正确做法

①不妥之处：建设单位要求总监理工程师组织召开设计交底会。

正确做法：由建设单位组织设计交底会。

②不妥之处：建设单位要求总监理工程师向设计单位提出设计图样中的错误。

正确做法：总监理工程师对设计图样中存在的问题通过建设单位向设计单位提出书面意见和建议。

（2）事件 1 中总监理工程师的不妥之处以及正确做法

①不妥之处：总监理工程师对发现的设计图样的错误口头向建设单位汇报。

正确做法：应以书面形式向建设单位汇报。

②不妥之处：在工程定位放线期间指派专业监理工程师审查分包单位资格报审表及相关资料。

正确做法：应在分包工程开工前进行审查。

③不妥之处：安排监理员复验原始基准点、基准线和测量控制点。

正确做法：应安排专业监理工程师复验。

2. 事件 1 中，专业监理工程师在审查分包单位的资格时，应审查的内容包括：

（1）分包单位的营业执照、企业资质等级证书、特殊行业施工许可证、国外（境外）企业在国内承包工程许可证。

（2）分包单位的业绩。

（3）拟分包工程的内容和范围。

（4）专职管理人员和特种作业人员的资格证、上岗证。

3. 针对事件 2，项目监理机构与施工单位协调，要求施工单位代为调换，但发生的费用由建设单位承担。

4. 针对事件 3，总承包单位的正确做法：工程具备了隐蔽条件，总承包单位进行自检，自检合格后，并在隐蔽前 48 小时以书面形式通知监理工程师，待验收合格后方可进行隐蔽。

5.（1）事件 4 中总监理工程师的不妥之处：认为施工过程均按要求进行了验收，便签署了竣工报验单，并向建设单位提交了竣工验收报告和质量评估报告。

正确做法：在收到总承包单位报送的工程竣工报验单和全部竣工资料后，总监理工程师应组织专业监理工程师，依据法律、法规、工程建设强制性标准、设计文件及施工合同，对承包单位报送的竣工资料进行审查，并对工程质量进行竣工预验收。对存在的问题，应及时要求承包单位整改。整改完毕后由总监理工程师签署工程竣工报验单，并在此基础上提出工程质量评估报告。工程质量评估报告应经总监理工程师和监理单位技术负责人审核签字，而竣工验收报告是在竣工验收合格后，由总监理工程师会同参加验收的各方签署竣工验收报告。

（2）事件 4 中建设单位的不妥之处：收到竣工验收报告和质量评估报告后即将工程投入使用。

正确做法：建设单位收到竣工验收报告后，应组织勘察、设计、施工、监理、质量监督机构和其他有关方面的专家组成验收组，对工程进行验收。工程经验收合格后方可投入使用。

案例四

1.（1）该质量事故属于一般质量事故。理由：因为工程质量事故未造成人员伤亡，且损失不足 4 万元，在 5 千元（含 5 千元）和 5 万元之间属于一般度量事故。

（2）监理单位可以参加质量事故调查组。理由：质量事故的发生是由于施工单位擅自拆模过早引起的，属于施工单位责任，监理方无责任，所以监理单位可以参与质量事故调查组。

2. 工程质量事故处理的依据包括：

（1）质量事故的实况资料；

（2）有关合同及合同文件；

（3）有关技术文件和档案；

（4）相关的建设法规。

3. 发生此质量事故后，在质量事故调查前，监理工程师应做的工作如下：

（1）签发《工程暂停令》；

（2）要求停止进行质量缺陷部位和与其有关联部位以及下道工序施工；

（3）要求施工单位采取必要的措施，防止事故扩大并保护好现场；

（4）要求质量事故发生单位按类别和等级向相应的主管部门上报，并于24小时内写出书面报告。

4.（1）质量事故的技术处理方案一般应委托原设计单位提出，若由其他单位提出的技术处理方案，应经原设计单位同意签认。

（2）事故处理的基本要求包括：①安全可靠，不留隐患；②满足建筑物的功能和使用要求；③技术上可行，经济合理。

案例五

1. 监理工程师接到索赔申请通知后应进行以下主要工作：

（1）进行调查、取证；

（2）审查索赔成立条件，确定索赔是否成立；

（3）分清责任，认可合理索赔；

（4）与施工单位协商，统一意见；

（5）签发索赔报告，处理意见报业主核准。

2. 不可抗力风险承担责任的原则：

（1）工程本身的损害由业主承担；

（2）人员伤亡由其所属单位负责，并承担相应费用；

（3）造成施工单位机械、设备的损坏及停工等损失，由施工单位承担；

（4）所需清理、恢复工作的费用，由业主承担；

（5）工期给予顺延。

处理方法：

（1）经济损失按上述原则由双方分别承担，工期延误应予签证顺延；

（2）因工程修复、重建的18万元工程款应由业主支付；

（3）索赔不予认可（索赔不成立），由施工单位承担；

（4）建设方聘请的顾问受伤需医疗费用1万元，由业主支付；路人的医疗费应该由买保险的一方出，而建设方应该购买第三者责任险，故由业主支付；

（5）索赔不予认可（索赔不成立），由施工单位承担；

（6）准备安装的设备修复费用2万元，业主应该支付；

（7）认可顺延合同工期8天；

（8）清理现场费用，由业主承担。

案例六

1. 专职安全生产管理人员负责对安全生产进行现场的监督、检查。发现安全事故隐患应及时向项目负责人员及安全生产管理机构报告；对违章指挥、违章操作的，应立即制止。

专职安全生产管理人员的配备办法由国务院建设行政主管部门会同国务院其他有关部门制定。

2. 施工单位主要负责人应依法对本单位的安全生产工作全面负责。施工单位应负责任：建立健全安全生产责任制度和安全生产教育培训制度；制定安全生产规章制度和有关的操作规程；保证本单位安全生产条件所需的资金投入；对所承担的建设工程进行定期和专项安全检查并做好安全检查记录。

施工单位的项目负责人应由取得相应执业资格的人员担任，他对所负责的建设工程项目的安全施工负责。包括：落实本项目的安全生产责任制度、安全生产规章制度和有关操作规程；确保安全生产费用的有效使用；根据本工程项目的特点组织制定安全施工措施，消除安全事故隐患；及时、如实报告生产安全事故。

3. 违反《建设工程安全生产管理条例》的规定，施工单位的主要负责人、项目负责人未履行安全生产管理职责的，责令限期改正；逾期未改的，责令施工单位停业整顿；造成重大安全事故、重大伤亡事故或其他严重后果，构成犯罪的，依法追究其刑事责任。

施工单位主要负责人、项目负责人的违法行为尚不够刑事处罚的，可处以 2 万元以上 20 万元以下的罚款或按管理权限给予撤职处分；自刑罚执行完毕或受处分之日起，5 年内不得担任任何施工单位的负责人、项目负责人。

第八套模拟试卷

案例一

某实施监理的工程项目，监理公司与业主签订了委托监理合同后，建设单位将编制监理规划的有关文件交给监理单位，要求监理单位报送监理规划，监理单位收到有关文件后，总监理工程师派负责合同管理的专业监理工程师组织有关人员进行编制，经过 45 天的编制，完成了监理规划。经监理公司负责人审核批准后，在监理交底会后报送建设单位。

【问题】

1. 以上关于监理规划的编制有何不妥之处？正确的做法是什么？
2. 监理规划内容的针对性要求是什么？
3. 监理规划内容的时效性要求是什么？
4. 项目监理部的监理工作制度包括哪些？
5. 建设单位应将哪些文件交给监理公司作为编制监理规划的依据？

案例二

某工程，实施过程中发生如下事件。

事件 1：总监理工程师主持编写项目监理规划后，在建设单位主持的第一次工地会议上报送建设单位代表，并介绍了项目监理规划的主要内容，会议结束时，建设单位代表要求项目监理机构起草会议纪要，总监理工程师以"谁主持会议谁起草"为由，拒绝起草。

事件 2：基础工程经专业监理工程师验收合格后已隐蔽，但总监理工程师怀疑隐蔽的部位有质量问题，要求施工单位将其剥离后重新检验，并由施工单位承担由此发生的全部费用，延误的工期不予顺延。

事件 3：现浇钢筋混凝土构件拆模后，出现蜂窝、麻面等质量缺陷，总监理工程师立即向施工单位下达了《工程暂停令》，随后提出了质量缺陷的处理方案，要求施工单位整改。

事件 4：专业监理工程师巡视时发现，施工单位未按批准的大跨度屋盖模板支撑体系专项施工方案组织施工，随即报告总监理工程师。总监理工程师征得建设单位同意后，及时下达了《工程暂停令》，要求施工单位停工整改。为赶工期，施工单位未停工整改仍继续施工。于是，总监理工程师书面报告了政府有关主管部门。书面报告发出的当天，屋盖模板支撑体系整体坍塌，造成人员伤亡。

事件 5：按施工合同约定，施工单位选定甲分包单位承担装饰工程施工，并签订了分包合同。装饰工程施工过程中，因施工单位资金周转困难，未能按分包合同约定支付甲分包单位的工程款。为了不影响工期，甲分包单位向项目监理机构提出了支付申请。项目监理机构受理并征得建设单位同意后，即向甲分包单位签发了支付证书。

【问题】

1. 事件 1 中，总监理工程师的做法有哪些不妥之处？写出正确做法。

2. 事件 2 中，总监理工程师的要求是否妥当？说明理由。

3. 事件 3 中，总监理工程师的做法有哪些不妥之处？写出正确做法。

4. 根据《建设工程安全生产管理条例》，指出事件 4 中施工单位和监理单位是否应承担责任？说明理由。

5. 指出事件 5 中项目监理机构做法的不妥之处，说明理由。

案例三

某工程，甲施工单位按照施工合同约定，拟将 B、F 两项分部工程分别分包给乙、丙施工单位。经总监理工程师批准的施工总进度计划如图 8-1 所示（单位：天），各项工作匀速进展。

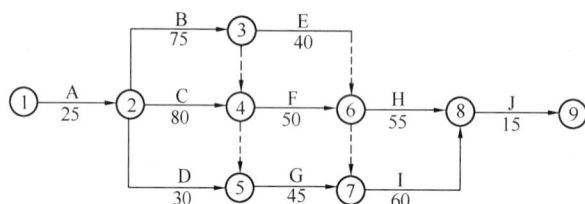

图 8-1　施工总进度计划（单位：天）

工程实施过程中发生以下事件。

事件 1：工程开工前，建设单位未将委托给监理单位的监理内容和权限书面告知施工单位。甲施工单位向建设单位提交了乙施工单位《分包单位资格报审表》及营业执照、企业资质等级证书、安全生产许可文件和分包合同等材料，申请批准乙施工单位进场，建设单位将该报审材料转交给项目监理机构。

事件 2：甲施工单位与乙施工单位签订了 B 分部工程的分包合同。B 分部工程开工 45 天后，建设单位要求设计单位修改设计，造成乙施工单位停工 15 天，窝工损失合计 8 万元。修改设计后，B 分部工程价款由原来的 500 万元增加到 560 万元。甲施工单位要求乙施工单位在 30 天内完成剩余工程，乙施工单位向甲施工单位提出补偿 3 万元的赶工费，甲施工单位确认了赶工费补偿。

事件 3：由于事件 2 中 B 分部工程修改设计，乙施工单位向项目监理机构提出工程延期的要求。

事件 4：专业监理工程师巡视时发现，已进场准备安装设备的丙施工单位未经项目监理机构进行资格审核。

【问题】

1. 事件 1 中，分别指出建设单位、甲施工单位做法的不妥之处，说明理由。甲施工单位提交的乙施工单位分包资格材料还应包括哪些内容？

2. 事件 2 中，考虑设计修改和费用补偿，乙施工单位完成 B 分部工程每月（按 30 天计）应获得的工程价款分别为多少万元？B 分部工程的最终合同价款为多少万元？

3. 事件 3 中，乙施工单位的做法有何不妥？写出正确做法。B 分部工程的实际工期是多少天？

4. 事件 3 中，B 分部工程修改设计对 F 分部工程的进度以及对工程总工期有何影响？分别说明理由。

5. 写出项目监理机构对事件 4 的处理程序。

案例四

某实施监理的工程，建设单位分别与甲、乙施工单位签订了土建工程施工合同和设备安装工程施工合同，与丙单位签订了设备采购合同。工程实施过程中发生下列事件：

事件 1：甲施工单位按照施工合同约定的时间向项目监理机构提交了《工程开工报审表》，总监理工程师在审批施工组织设计文件后，组织专业监理工程师到现场检查时发现：施工机具已进场准备就位；施工测量人员正在进行测量控制桩和控制线的测设；拆迁工作正在进行，不会影响工程进度。为此，总监理工程师签署了同意开工的意见，并报告了建设单位。

事件 2：专业监理工程师巡视时发现，甲施工单位现场施工人员准备将一种新型建筑材料用于工程。经询问，甲施工单位认为该新型建筑材料性能好、价格便宜，对工程质量有保证。项目监理机构要求其提供该新型建筑材料的有关资料，甲施工单位仅提供了使用说明书。

事件 3：项目监理机构检查甲施工单位的某分项工程质量时，发现试验检测数据异常，便再次对甲施工单位试验室的资质等级及其试验范围、本工程试验项目及要求等内容进行了全面考核。

事件 4：为了解设备性能，有效控制设备制造质量，项目监理机构指令乙施工单位指派专人进驻丙单位，与专业监理工程师共同对丙单位的设备制造过程进行质量控制。

事件 5：工程竣工验收时，建设单位要求甲施工单位统一汇总甲、乙施工单位的工程档案后提交项目监理机构，由项目监理机构组织工程档案验收。

【问题】

1. 事件 1 中，总监理工程师签署同意开工的意见是否妥当？说明理由。

2. 写出项目监理机构处理事件 2 的程序。

3. 事件 3 中，项目监理机构还应从哪些方面考核甲施工单位的试验室？

4. 事件 4 中，项目监理机构指令乙施工单位派专人进驻丙单位的做法是否正确？说明理由。

5. 指出事件 5 中建设单位要求的不妥之处，说明理由。

案例五

某实行监理的工程，施工合同采用《建设工程施工合同（示范文本）》，合同约定，吊装机械闲置补偿费 600 元/台班，单独计算，不进入直接费。经项目监理机构审核批准的施工总进度计划如图 8-2 所示（时间单位：月）。

施工过程中发生下列事件：

事件 1：开工后，建设单位提出工程变更，致使工作 E 的持续时间延长 2 个月，吊装

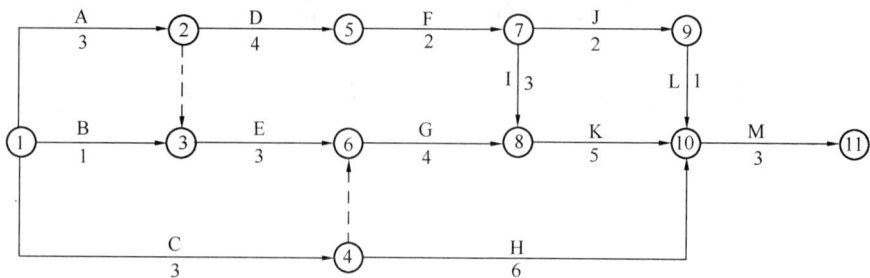

图 8-2　施工总进度计划（初始计划）

机械闲置 30 台班。

事件 2：工作 G 开始后，受当地百年一遇洪水影响，该工作停工 1 个月，吊装机械闲置 15 台班、其他机械设备损坏及停工损失合计 25 万元。

事件 3：工作 I 所安装的设备由建设单位采购。建设单位在没有通知施工单位共同清点的情况下，就将该设备存放在施工现场。施工单位安装前，发现该设备的部分部件损坏，调换损坏的部件使工作 I 的持续时间延长 1 个月，发生费用 1.6 万元。对此，建设单位要求施工单位承担部件损坏的责任。

事件 4：工作 K 开始之前，建设单位又提出工程变更，致使该工作提前 2 个月完成，因此，建设单位提出要将原合同工期缩短 2 个月，项目监理机构认为不妥。

【问题】

1. 确定初始计划的总工期，并确定关键线路及工作 E 的总时差。

2. 事件 1 发生后，吊装机械闲置补偿费为多少？工程延期为多少？说明理由。

3. 事件 2 发生后，项目监理机构应批准的费用补偿为多少？应批准的工程延期为多少？说明理由。

4. 指出事件 3 中建设单位的不妥之处，说明理由。项目监理机构应如何批复所发生的费用和工程延期问题？说明理由。

5. 事件 4 发生后，预计工程实际工期为多少？项目监理机构认为建设单位要求缩短合同工期不妥是否正确？说明理由。

案例六

某工程项目在设计文件完成后，业主委托了一家监理单位协助业主进行施工招标和实施施工阶段监理。监理合同签订后，总监理工程师分析了工程项目规模和特点，拟按照组织结构设计、确定管理层次、确定监理工作内容、确定监理目标和制定监理工作流程等步骤，来建立本项目的监理组织机构。

【问题】

1. 监理组织机构建立步骤有何不妥？应如何改正？

2. 常见的监理组织结构形式有哪几种？若想建立具有机构简单、权力集中、命令统一、职责分明、隶属关系明确的监理组织机构，应选择哪一种组织结构形式？

3. 施工招标前，监理单位编制了招标文件，主要内容包括：①工程项目综合说明；②设计图纸和技术资料；③工程量清单；④施工方案；⑤主要材料与设备供应方式；⑥保证工程质量、进度、安全的主要技术组织措施；⑦特殊工程的施工要求；⑧施工项目管理机构；⑨合同条件。施工招标文件内容中哪几条不正确？为什么？

4. 为使监理工作规范化进行，总监理工程师拟以工程项目建设条件、监理合同、施工合同、施工组织设计和各专业监理工程师编制的监理实施细则为依据，编制施工阶段监理规划。监理规划编制依据有何不恰当？为什么？

第八套模拟试卷参考答案、考点分析

案例一

1. 监理规划编制的不妥之处及正确做法：

（1）不妥之处：由专业监理工程师编制监理规划。

正确做法：由总监理工程师编制监理规划。

（2）不妥之处：45天完成监理规划的编制。

正确做法：应在收到有关文件后1个月内完成监理规划的编制。

（3）不妥之处：监理规划由监理公司负责人审核批准。

正确做法：监理规划应经监理公司技术负责人审核批准。

（4）不妥之处：监理规划在监理交底会后报送建设单位。

正确做法：监理规划应在监理交底会前报送建设单位。

2. 监理规划内容的针对性要求：控制目标明确、控制措施有效、工作程序合理、工作制度健全、职责分工清楚，对监理实践有指导作用。

3. 监理规划内容的时效性要求：在项目实施过程中，应根据情况的变化作必要的调整、修改，经原审批程序批准后，再次报送建设单位。

4. 项目监理部的监理工作制度包括：信息和资料管理制度；监理会议制度；监理工作报告制度；其他监理工作制度。

5. 建设单位交给监理单位作为编制监理规划依据的文件：施工合同、施工组织设计（技术方案）、设计图样。

案例二

1.（1）不妥之处：监理规划在第一次工地会议上报送建设单位代表。正确做法：监理规划应在召开第一次工地会议前报送建设单位代。

（2）不妥之处：总监理工程师主持编写项目监理规划后，直接报送建设单位代表。正确做法：监理规划在编制完成后必须经监理单位技术负责人审批核准，方能报送建设单位。

（3）不妥之处：在第一次工地会议上仅介绍了项目监理规划的主要内容。正确做法：在第一次工地会议上总监理工程师应做的工作内容包括：①介绍驻现场的项目监理组织机构、人员及其分工；②对施工准备情况提出意见和要求；③介绍监理规划的主要内容。

（4）不妥之处：总监理工程师以"谁主持会议谁起草"为由，拒绝起草会议纪要。正确做法：第一次工地会议纪要应由项目监理机构负责起草，并经与会各方代表会签。

2. 总监理工程师的要求不妥当。理由：总监理工程师可以要求施工单位对已隐蔽工程进行重新检验，并在检验后重新覆盖或修复。但是，如果检验合格，发包人承担由此发生的全部追加合同款，赔偿承包人损失，并相应顺延工期。如果检验不合格，承包人承担发生的全部费用，工期不予顺延。

3.（1）不妥之处：出现蜂窝、麻面等质量缺陷，总监理工程师立即向施工单位下达了《工程暂停令》。正确做法：对施工过程中出现的质量缺陷，专业监理工程师应及时下达《监理工程师通知》，要求承包单位及时采取措施予以整改。

（2）不妥之处：总监理工程师随后提出了质量缺陷的处理方案。正确做法：专业监理工程师要求承包单位报送质量缺陷的补救处理方案，专业监理工程师应对其补救方案进行确认，跟踪处理过程，对处理结果进行验收，否则不允许进行下道工序或分项的施工。

4．施工单位应承担责任。理由：施工单位不服从监理单位管理，不按照审核施工方案施工，未按指令停止施工，造成重大安全事故。

监理单位不承担责任。理由：项目监理机构及时发现施工单位违章作业，下达了《工程暂停令》，通知了建设单位，对施工单位未停工整改也及时向有关主管部门报告，项目监理机构已履行了监理职责。

5．不妥之处：监理机构受理甲分包单位支付申请，即向甲分包单位签发了支付证书。理由：建设单位与分包单位没有合同关系，不得与分包单位发生直接工作联系；发包人未经总包单位同意，不得以任何形式向分包单位支付各种工程款项。

案例三

1．建设单位做法的不妥之处：工程开工前，建设单位未将委托给监理单位的监理内容和权限书面告知甲施工单位。理由：《建筑法》规定，实施建筑工程监理前，建设单位应当将委托的工程监理单位、监理的内容及监理权限，书面通知监理的建筑施工企业。

甲施工单位做法的不妥之处：甲施工单位向建设单位提交了乙施工单位《分包单位资格报审表》及营业执照、企业资质等级证书、安全生产许可文件和分包合同等材料。理由：甲施工单位选定乙分包单位后，应向监理工程师提交《分包单位资质报审表》。

甲施工单位提交的乙施工单位分包资格材料还应包括：特殊行业施工许可证、国外（境外）企业在国内承包工程许可证；分包单位的业绩；拟分包工程的内容和范围；专职管理人员和特种作业人员的资格证、上岗证。

2．B 分部工程第 1 个月应获得的工程价款：$500/75 \times 30 = 200$(万元)；

B 分部工程第 2 个月应获得的工程价款：$500/75 \times 15 + 8 = 108$(万元)；

B 分部工程第 3 个月应获得的工程价款：$500/75 \times 30 + (560 - 500) + 3 = 263$(万元)；

B 分部工程的最终合同价款：$200 + 108 + 263 = 571$(万元)。

3．乙施工单位的做法不妥之处：乙施工单位向项目监理机构提出工程延期的申请。正确做法：乙施工单位向甲施工单位提出工程延期申请，甲施工单位再向项目监理机构提出工程延期的申请。

B 分部工程的实际工期是 90 天。

4．B 分部工程修改设计对 F 分部工程进度的影响：使 F 分部工程进度推迟了 10 天。理由：工作 B 为工作 F 的紧前工作，工作 B 的持续时间拖延了 15 天，但其自由时差为 5 天，就使 F 分部工程进度推迟 10 天。

B 分部工程修改设计对工程总工期的影响：使总工期延长 10 天。理由：由于 B 分部工程修改设计对 F 分部工程进度推迟 10 天，而工作 F 属于关键工作，故使总工期延长 10 天。

5．项目监理机构对事件 4 的处理程序：

（1）下达《工程暂停令》。

（2）对丙施工单位资质进行审查。

（3）如果丙施工单位资质合格，签发《工程复工令》；如果丙施工单位资质不合格，要求甲施工单位撤换分包单位。

案例四

1. 事件 1 中，总监理工程师签署同意开工的意见不妥。

理由：在开工之前测量控制桩、线必须查验合格。

在满足以下开工条件下，总监理工程师才能在开工报审表上签署同意开工的意见。

（1）《施工许可证》已获政府主管部门批准。

（2）承包单位现场管理人员已到位，机具、施工人员已进场，主要工程材料已落实。

（3）进场道路及水、电、通讯等已满足开工要求。

（4）征地拆迁工作已满足工程进度要求。

（5）施工组织设计已获总监批准。

（6）测量控制桩、线已查验合格。

2. 项目监理机构处理事件 2 的处理程序如下：

（1）专业监理工程师应签发《监理工程师通知单》，通知承包单位，新材料未经报验和论证，不得使用，并提出下列要求：①要求施工单位提供产品合格证、技术说明书、质量检验证明、质量保证书，有关图纸和技术资料、生产厂家生产许可证，并报送施工工艺措施和相应的证明材料。②要求施工单位按技术规范，对材料进行有监理人员见证的取样送检。③要求承包单位组织专题论证。

（2）审查上述质量证明材料、检验结果和论证结果，若符合技术要求即予以签认，准许使用，若不符合要求则应限期清退出场。

（3）将处理结果书面通知业主。

3. 事件 3 中，项目监理机构还应从以下几个方面对承包单位的试验室进行考核：

（1）法定计量部门对试验设备出具的计量检定证明，应检查实验设备、检测仪器能否满足工程质量检查要求，是否处于良好的可用状态；精度是否符合需要。

（2）试验室管理制度是否齐全，符合实际；

（3）试验人员的资格证书；

4. 事件 4 中，项目监理机构指令乙施工单位派专人进驻丙单位的做法不正确。

理由：监造人员原则上应由设备采购单位或其委托的监理单位派出。乙单位与丙单位之间无合同关系，无监造设备制造过程的义务，因此不能指令乙单位派出人员。

5. 事件 5 中建设单位要求的不妥之处及理由：

（1）不妥之一：由甲施工单位统一汇总甲、乙施工单位工程档案不妥。

理由：因为甲、乙施工单位之间无总分包合同关系。

（2）不妥之二：由项目监理机构组织工程档案验收不妥。

理由：监理单位组织的对工程档案的验收仅为项目内部的预验收，此后，凡列入城建部门档案接收范围的工程，还应由建设单位提请城建档案部门进行预验收，并出具认可文件，最后，建设单位还应组织各单位进行工程的正式验收，包括对工程实体质量的验收和工程资料的验收。

案例五

1. 初始计划的总工期＝（3＋4＋2＋3＋5＋3）个月＝20（个月）。

关键线路为：A→D→F→I→K→M(或①→②→⑤→⑦→⑧→⑩→⑪)。

工作E的总时差＝[20－(3＋3＋4＋5＋3)]个月＝2(个月)。

2.(1)事件1发生后，吊装机械闲置补偿费＝600元/台班×30台班＝18000(元)。

(2)事件1发生后，工程不会延期。

理由：由于工作E有2个月的总时差，因此工作E的持续时间延长2个月不会影响到总工期。

3.(1)事件2发生后，项目监理机构不应批准费用补偿。

理由：百年一遇的洪水属于不可抗力事件，不可抗力事件发生后，承包人的机械设备损失及停工损失由承包人承担。

(2)事件2发生后，项目监理机构不应批准工程延期。

理由：工作G有2个月的总时差，虽然该工作停工1个月，但没有超过其总时差，不会影响到总工期，因此，不应批准工程延期。

4.(1)事件3中建设单位的不妥之处：在没有通知施工单位共同清点的情况下，将其采购的设备存放在施工现场。

理由：建设单位在其所供应的材料设备到提货前24小时应以书面形式通知承包人，由承包人派人与发包人共同清点。双方共同清点接收后，由承包人妥善保管，发包人支付相应的保管费用。

(2)项目监理机构应同意给予施工单位补偿费用1.6万元，并延长工期1个月。

理由：建设单位采购的材料设备在未通知施工单位进行验收就存放于施工现场，由此发生的损坏丢失由发包人负责，而且工作I为关键工作。

5.(1)事件4发生后，预计工程实际工期为18个月。

(2)项目监理机构认为建设单位要求缩短合同工期不妥是不正确的。

理由：造成工作K提前2个月完成的原因是工程变更，因此可以要求缩短工期。

案例六

1.设置步骤中不应包含"确定管理层次"，其他步骤顺序不对。正确步骤是：确定项目监理目标、确定监理工作内容、进行组织结构设计、制定监理工作流程和信息流程。

2.常见组织结构形式有直线制、职能制、直线职能制和矩阵制。

建立具有机构简单、权力集中、命令统一、职责分明、隶属关系明确的监理组织机构，应选择直线制监理组织。

3.(4)、(6)、(8)条不正确。(4)、(6)、(8)条应是投标文件的内容。

4.不恰当之处：编制依据中不应包括施工组织设计和监理实施细则。施工组织设计是由施工单位编制指导施工的文件，监理实施细则是根据监理规划编制的。

第九套模拟试卷

案例一

某工程，监理单位承担了施工招标代理和施工监理任务。工程实施过程中发生如下事件。

事件1：施工招标过程中，建设单位提出的部分建议如下：（1）省外投标人必须在工程所在地承担过类似工程；（2）投标人应在提交资格预审文件截止日前提交投标保证金；（3）联合体中标的，可由联合体代表与建设单位签订合同；（4）中标人可以将某些非关键性工程分包给符合条件的分包人完成。

事件2：施工合同约定，空调机组由建设单位采购，由施工单位选择专业分包单位安装。空调机组订货时，生产厂商提出由其安装更能保证质量，且安装资格也符合国家要求。于是，建设单位要求施工单位与该生产厂商签订安装工程分包合同，但施工单位提出已与甲安装单位签订了安装工程分包合同。经协商，甲安装单位将部分安装工程分包给空调机组生产厂商。

事件3：建设单位与施工单位按照《建设工程施工合同（示范文本）》进行工程价款结算时，双方对下列5项工作的费用发生争议：（1）办理施工场地交通、施工噪声有关手续；（2）项目监理机构现场临时办公用房搭建；（3）施工单位采购的材料在使用前的检验或试验；（4）项目监理机构影响到正常施工的检查检验；（5）设备单机无负荷试车。

事件4：工程完工时，施工单位提出主体结构工程的保修期限为20年，并待工程竣工验收合格后向建设单位出具工程质量保修书。

【问题】

1. 逐条指出事件1中监理单位是否应采纳建设单位提出的建议并说明理由。

2. 分别指出事件2中建设单位和甲安装单位做法的不妥之处，说明理由。

3. 事件3中各项工作所发生的费用分别应由谁承担？

4. 根据《建设工程质量管理条例》，事件4中施工单位的说法有哪些不妥之处？说明理由。

案例二

某实施监理的工程，甲施工单位为总承包单位，甲施工单位选择乙施工单位分包基坑支护土方开挖工程，施工过程中发生如下事件：

事件1：乙施工单位开挖土方时，因雨期下雨导致现场停工3天，在后续施工中，乙施工单位挖断了一处在建设单位提供的地下管线图中未标明的煤气管道，因抢修导致现场停工7天。为此，甲施工单位通过项目监理机构向建设单位提出工期延期10天和费用补偿2万元（合同约定，窝工综合补偿2000元/天）的请求。

事件 2：为了赶工期，甲施工单位调整了土方开挖方案，并按约定程序进行了调整，总监理工程师在现场发现乙施工单位未按调整后的土方开挖方案施工并造成围护结构变形超限，立即向甲施工单位签发《工程暂停令》，同时报告了建设单位。甲施工单位将《工程暂停令》转发给乙施工单位，要求乙施工单位停止施工，乙施工单位未执行指令仍继续施工，总监理工程师及时报告了建设单位和有关主管部门，但因围护结构变形过大引发了基坑局部坍塌事故。

事件 3：甲施工单位凭施工经验，未经安全验算就编制了高大模板工程专项施工方案，经项目经理签字后报总监理工程师审批的同时，就开始搭设高大模板，施工现场安全生产管理人员则由项目总工程师兼任。

事件 4：甲施工单位为了便于管理，将施工人员的集体宿舍安排在本工程尚未竣工验收的地下车库内。

【问题】

1. 指出事件 1 中挖断煤气管道事故的责任方，说明理由。项目监理机构批准的工程延期和费用补偿各多少？说明理由。

2. 根据《建设工程安全生产管理条例》，分析事件 2 中甲、乙施工单位对基坑局部坍塌事故应承担的责任，说明理由。

3. 指出事件 3 中甲施工单位的做法有哪些不妥，写出正确的做法。

4. 指出事件 4 中甲施工单位的做法是否妥当？说明理由。

案例三

某实施监理的工程，建设单位与施工单位按照《建设工程施工合同（示范文本）》签订的施工合同约定：工程合同价为 200 万元，工期 6 个月；预付款为合同价的 15%；工程进度款按月结算；保留金总额为合同价的 3%，按每月进度款（含工程变更和索赔费用）的 10% 扣留，扣完为止；预付款在工程的最后三个月等额扣回。施工过程中发生设计变更时，增加的工程量采用以直接费为计算基础的工料单价法计价，间接费费率 8%，利润率 5%，综合计税系数 3.41%；发生窝工时，按人员窝工费 50 元/工日、施工设备闲置费 1000 元/台班补偿。工程实施过程中发生下列事件：

事件 1：基础工程施工中，遇勘探中未探明的地下障碍物。施工单位处理该障碍物导致直接工程费增加 10 万元，措施费增加 2 万元，人员窝工 60 工日，施工设备闲置 3 台班，影响工期 3 天。

事件 2：为了保持总工期不变，建设单位要求施工单位加快基础工程的施工进度。施工单位同意按照建设单位的要求赶工，但需增加赶工费 5 万元。为此，施工单位提出了费用补偿要求。

事件 3：主体结构工程施工时，施工单位为了保证工程质量，采取了相应的技术措施，为此增加了工程费用 2 万元；项目监理机构收到施工单位主体结构工程验收申请后，及时组织了验收，验收结论合格。施工单位以通过验收为由向项目监理机构提交申请，要求建设单位支付增加的 2 万元工程费用。

事件 4：经项目监理机构审定的施工单位各月实际进度款（含工程变更和索赔费用）见表 9-1。

时间（月）	1	2	3	4	5	6
实际进度款（万元）	40	50	40	35	30	25

【问题】

1. 事件 1 中，施工单位应得到多少费用补偿（计算结果保留两位小数）？说明理由。

2. 事件 2 中，项目监理机构是否应批准施工单位的赶工费用补偿？说明理由。

3. 事件 3 中，项目监理机构是否应同意增加 2 万元工程费用的要求？说明理由。

4. 该工程保留金总额为多少？依据表 9-1，该工程每个月应扣保留金多少？总监理工程师每个月应签发的实际付款金额是多少？

案例四

某施工单位承建的某污水处理厂工程项目已批准。该工程建设规模为日处理能力 41.5 万立方米二级处理，总造价约为 2.9 亿元，其中土建工程约为 1.8 亿元。工程资金来源为：35％自有资金、65％银行贷款。

现邀请合格的潜在的土建工程施工投标人参加本工程的投标。要求投标申请人须具备承担招标工程项目的能力和建设行政主管部门核发的市政公用工程施工总承包一级资质，地基与基础工程专业承包三级或以上资质的施工单位，并在近两年承担过 2 座以上（含 2 座）10 万立方米以上污水处理厂主体施工工程。同时作为联合体的桩基施工单位应具有三级或以上桩基施工资质，近两年相关工程业绩良好。

【问题】

1. 建设工程招标的方式有哪几种？各有何特点？

2. 哪些工程建设项目必须通过招标进行发包？

3. 可以不进行招标，采用直接委托的方式发包的工程项目有哪些？

案例五

某机械厂（甲方）与某建筑公司（乙方）订立了某工业厂房工程项目施工合同，同时与某降水公司订立了工程降水合同。甲、乙双方合同规定：采用单价合同，每一分项工程的实际工程量增加（或减少）超过招标文件中工程量的 10％以上时调整单价；工作 B、E、G 作业使用的主导施工机械一台（乙方自备），台班费为 400 元/台班，其中台班折旧费为 50 元/台班。施工网络计划如图 9-1 所示（时间单位：天）。

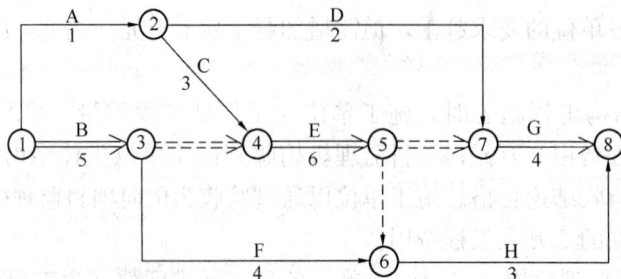

图 9-1　施工网络计划图

甲、乙双方合同约定 8 月 15 日开工。工程施工中发生如下事件：

事件 1：降水方案错误，致使工作 D 推迟 2 天，乙方人员配合用工增加 5 个工日，窝工 6 个工日。

事件 2：8 月 21 日至 22 日，场外停电，停工 2 天，造成人员窝工 16 个工日。

事件 3：因设计变更，工作 E 工程量由招标文件中的 300m³ 增至 350m³，超过了 10%；合同中该工作的综合单价为 55 元/m³，经协商调整后综合单价为 50 元/m³。

事件 4：为保证施工质量，乙方在施工中将工作 B 原设计尺寸扩大，增加工程量 15m³，该工作综合单价为 78 元/m³。

事件 5：在工作 D、E 均完成后，甲方指令增加一项临时工作 K，经核准，完成该工作需要 1 天时间，机械 1 台班，人工 10 个工日。

【问题】

1. 上述哪些事件乙方可以提出索赔要求？哪些事件不能提出索赔要求？说明其原因。

2. 针对上述所发生事件，承包商可索赔总工期多少天？逐项说明理由。

3. 假设人工工日单价为 25 元/工日，合同规定，窝工人工费补偿标准为 12 元/工日，因增加用工所需管理费为增加人工费的 20%。工作 K 的综合收费为人工费的 80%。试计算费用索赔总额。

案例六

某实施监理的住宅楼是一幢地上 6 层、地下 1 层的砖混结构住宅，总建筑面积 3200m²。在现浇顶层一间屋面的混凝土施工过程中出现坍塌事故，坍塌物将与之垂直对应的下面各层预应力空心板砸穿，10 名施工人员与 4 辆手推车、模板及支架、混凝土一起落入地下室，造成 2 人死亡、3 人重伤、经济损失达 26 万元人民币的事故。从施工事故现场调查得知，屋面现浇混凝土模板采用 300mm × 1200mm × 55mm 和 300mm × 1500mm × 55mm 定型钢模，分三段支撑在平放的 50mm × 100mm 方木龙骨上，龙骨下为间距 800 mm 均匀支撑的 4 根直径 100mm 圆木立杆，这 4 根圆木立杆顺向支撑在作为第 6 层楼面的 3 块独立的预应力空心板上，并且这些预应力空心板的板缝用混凝土浇筑仅 4 天，其下面也没有任何支撑措施，从而造成这些预应力空心板超载。施工单位未对模板支撑系统进行计算也无施工方案，监理方也未提出异议，便允许施工单位进行施工。出事故时监理人员未在场。

【问题】

1. 对于本次事故，可以认定为几级重大事故？依据是什么？

2. 监理单位在这起事故中是否应该承担责任？说明理由。

3. 针对类似模板工程，通常采取什么样的处理方式？

第九套模拟试卷参考答案、考点分析

案例一

1. （1）不能采纳。理由：招标人不得以不合理的条件限制或排斥潜在投标人。

（2）不能采纳。理由：投标人应在提交投标文件截止日前随投标文件提交投标保证金。

（3）不能采纳。理由：联合体中标的，联合体各方应当共同与招标人签订合同，就中标项目向招标人承担连带责任。

（4）可以采纳。理由：投标人根据招标文件载明的项目实际情况，拟在中标后将中标项目的部分非主体、非关键工作进行分包的，应当在投标文件中说明。

2. 建设单位的不妥之处：要求施工单位与生产厂商签订工程分包合同，招标人不得直接为施工总包单位指定分包单位。

甲安装单位的不妥之处：将部分工程分包给空调机组生产厂商。理由：甲安装单位是分包单位，根据建筑法规定，禁止分包单位将其承包的工程再分包。

3. （1）办理施工场地交通、施工噪声有关手续费，由建设单位承担。理由：根据《建设工程施工合同（示范文本）》规定，承包人遵守政府有关主管部门对施工场地交通、施工噪音以及环境保护和安全生产的管理规定，按规定办理有关手续，并以书面形式通知发包人，发包人承担由此发生的费用，因承包人造成的罚款除外。

（2）项目监理机构现场临时办公用房搭建费，由建设单位承担。理由：此费用属于建设单位临时设施费。

（3）施工单位采购的材料在使用前的检验或试验费，由施工单位承担。理由：材料检验费用由采购供货方承担。

（4）项目监理机构影响到正常施工的检查检验费，由建设单位承担。理由：工程师的检查检验不应影响施工正常进行。如影响施工正常进行，检查验收不合格时，影响正常施工的费用由承包人承担。除此之外影响正常施工的追加合同价款由发包人承担，相应顺延工期。

（5）设备单机无负荷试车费，由施工单位承担。理由：此费用包括在安装工程费中。

4. （1）不妥之处：主体结构工程的保修期限为 20 年。理由：在正常使用条件下，基础设施工程、房屋建筑的地基基础工程和主体结构工程的最低保修期限为设计文件规定的该工程的合理使用年限。

（2）不妥之处：待工程竣工验收合格后向建设单位出具工程质量保修书。理由：承包单位在向建设单位提交工程竣工验收报告时，应当向建设单位出具质量保修书。

案例二

1. （1）事件 1 中挖断煤气管道事故的责任方为建设单位。

理由：开工前，建设单位应向施工单位提供完整的施工区域内的地下管线图，其中应包含煤气管道走向埋深位置图。

（2）雨季下雨是一个有经验的承包商能预见的情况，因此雨季造成的费用损失和工期顺延不能索赔；施工单位挖断地下管线图中未标明的煤气管道导致的 7 天停工工期顺延，建设单位补偿费用，按合同约定窝工综合补偿为2000元/天，所以工程共延期7天，赔偿费用1.4万元。

2.（1）乙施工单位承担主要责任，甲施工单位承担连带责任。

理由：根据《建设工程安全生产管理条例》第二十四条，总承包单位依法将建设工程分包给其他单位的，分包合同中应当明确各自的安全生产方面的权利、义务。总承包单位和分包单位对分包工程的安全生产承担连带责任。分包单位应当服从总承包单位的安全生产管理，分包单位不服从管理导致生产安全事故的，由分包单位承担主要责任。在此事件中，甲施工单位属总承包单位，乙施工单位属于分包单位。因为乙施工单位未执行总承包单位指令仍继续施工，不服从安全生产管理，从而导致安全事故的发生。

（2）监理单位承担监理责任。

理由：监理单位应当按照法律、法规和工程建设强制性标准实施监理，并对建设工程安全生产承担监理责任。

3.不妥之处：（1）甲施工单位凭施工经验，未经安全验算编制高大模板工程专项施工方案。

正确做法：应认真编制方案，且有详细的安全验算书。

（2）方案经项目经理签字后就报批，且未批准就开始施工。

正确做法：方案编好后，施工单位应组织专家进行论证、审查，并经施工单位技术负责人签字，再报总监理工程师审查批准之后，才可以施工。

（3）由项目总工程师兼任安全生产管理人员。正确做法：施工单位应当设立安全生产管理机构，配备专职安全生产管理人员在现场进行安全施工监督管理。

4.不妥当。理由：依据《建设工程安全生产管理条例》，施工单位应当将施工现场的办公、生活区与作业区分开设置，并保持安全距离；办公、生活区的选址应当符合安全要求。职工的膳食、饮水、休息场所等应当符合卫生标准。施工单位不得在尚未竣工的建筑物内设置员工集体宿舍。所以事件4中甲施工单位将施工人员的集体宿舍安排在尚未竣工验收的地下车库内是不妥当的，违反了《建设工程安全生产管理条例》。

案例三

1.事件1中，施工单位应得到的费用补偿为 $(100000+20000)\times(1+8\%)\times(1+5\%)\times(1+3.41\%)+(60\times50+3\times1000)\times1.0341=146924.9$（元）$\approx14.69$（万元）。

理由：在施工过程中遇到勘探中未探明的地下障碍物，不属承包商责任，对所造成的费用增加和工期延误理应补偿。

2.事件2中，项目监理机构应该批准施工单位的赶工费用补偿。

理由：造成工期延误属非施工单位原因，且赶工的要求是建设单位提出来的。

3.事件3中，项目监理机构不应同意增加2万元工程费用的要求。

理由：承包商采取措施确保工程质量是承包人履行合同的责任，况且合同价款已包含此类措施费用。

4.（1）保留金总额$=200$万元$\times3\%=6$（万元）。

第一个月应扣留保留金40万元$\times10\%=4$（万元）。

第二个月应扣留保留金$=\min\{6-4,50\times10\%\}=2$（万元）。

（2）预付款总额$=200$万元$\times15\%=30$万元，最后三个月每月应扣回预付款$30\div3=$

10(万元)。

(3) 监理工程师每个月应签发的实际付款金额:

第一个月:40-4=36(万元)。

第二个月:50-2=48(万元)。

第三个月:40(万元)。

第四个月:35-10=25(万元)。

第五个月:30-10=20(万元)。

第六个月:25-10=15(万元)。

案例四

1. 建设工程招标的方式有公开招标和邀请招标两种。

公开招标的优点是:投标的承包商多、范围广、竞争激烈,业主有较大的选择余地,能获得有竞争性的报价。其缺点是:由于申请投标人较多,一般要设置资格预审程序,而且评标的工作量也较大,所需招标时间长、费用高。

邀请招标的优点是:不需要发布招标公告和设置资格预审程序,节约招标费用和节省时间;由于对投标人以往的业绩和履约能力比较了解,减小了合同履行过程中承包方违约的风险。为了体现公开竞争和便于招标人选择综合能力最强的投标人中标,仍要求在投标书内报送表明投标人资质能力的有关证明材料,作为评标时的评审内容之一(通常称为资格后审)。其缺点是:由于邀请范围较小、选择面窄,可能排斥了某些在技术或报价上有竞争实力的潜在投标人,因此投标竞争的激烈程度相对较差。

2. 根据《招标投标法》第3条规定,在中华人民共和国境内进行下列工程建设项目包括项目的勘查、设计、施工、监理以及与工程建设有关的重要设备、材料等的采购,必须进行招标:

(1) 大型基础设施、公用事业等关系社会公共利益、公众安全的项目;

(2) 全部或者部分使用国有资金投资或者国家融资的项目;

(3) 使用国际组织或者外国政府贷款、援助资金的项目。

3. 按照《工程建设项目施工招标投标办法》规定,属于下列情形之一的,可以不进行招标,采用直接委托的方式发包建设任务:

(1) 涉及国家安全、国家秘密或者抢险救灾而不适宜招标的;

(2) 属于利用扶贫资金实行以工代赈、需要使用农民工的;

(3) 施工主要技术采用特定的专利或者专有技术的;

(4) 施工企业自建自用的工程,且该施工企业资质等级符合工程要求的;

(5) 在建工程追加的附属小型工程或者主体加层工程,原中标人仍具备承包能力的;

(6) 法律、行政法规规定的其他情形。

案例五

1. 对上述事件的索赔判定如下:

事件1中,乙方可提出索赔要求。理由:降水工程由甲方另行发包,是甲方的责任。

事件2中,乙方可提出索赔要求。理由:场外停水、停电造成的人员窝工是不可预见的客观条件。

事件3中,乙方可提出索赔要求。理由:设计变更是甲方的责任,且工作E的工程量增加了 50m³，超过了招标文件中工程量的 10％。

事件 4 中，乙方不应提出索赔要求。理由：保证施工质量的技术措施费应由乙方承担。

事件 5 中，乙方可提出索赔要求。理由：甲方指令增加工作，是甲方的责任。

2. 工期索赔天数具体计算如下：

事件 1 中，工作 D 总时差为 8 天，推迟 2 天，尚有总时差 6 天，不影响工期，因此可索赔工期 0 天。

事件 2 中，8 月 21 日至 22 日停工，工期延长，可索赔工期 2 天。

事件 3 中，因 E 为关键工作，可索赔工期：$(350-300) \div (300 \div 6) = 1$（天）。

事件 5 中，因 G 为关键工作，在此之前增加 K，则 K 也为关键工作，索赔工期 1 天。

总计索赔工期 $= 0 + 2 + 1 + 1 = 4$（天）。

3. 费用索赔总额的计算：

事件 1：应索赔费用 $= 12 \times 6 + 25 \times 5 \times (1 + 20\%) = 222$（元）。

事件 2：人工费 $= 12 \times 16 = 192$（元）；

机械费 $= 50 \times 2 = 100$（元）。

事件 5：人工费 $= 25 \times 10 = 250$（元）；

机械费 $= 400 \times 1 = 400$（元）；

综合收费 $= 250 \times 80\% = 200$（元）。

合计费用索赔总额为：$222 + 192 + 100 + 250 + 200 + 400 = 1364$（元）。

案例六

1. 本次事故可以认定为四级重大事故。

依据《工程建设重大事故报告和调查程序规定》，具备下列条件之一者为四级重大事故：死亡 2 人以下；重伤 3 人以上，19 人以下；直接经济损失 10 万元以上，不满 30 万元。

2. 监理单位在这起事故中应该承担责任。

理由：监理单位接受了建设单位委托，并收取了监理费用，具备了承担责任的条件，而施工过程中，施工单位未对模板支撑系统进行计算也无施工方案。这种情况下，监理方却没有任何疑义，允许施工单位进行施工，酿成本次事故，因此必须承担相应责任。

3. 针对类似模板工程，通常采取的处理方式如下：

（1）当因施工而引起的质量问题在萌芽状态时，监理单位应及时制止，并要求施工单位立即更换不合格材料、设备或不称职人员，或要求施工单位立即改变不正确的施工方法和操作工艺。

（2）当因施工而引起的质量问题出现时，监理单位应立即向施工单位发出"监理通知"，要求其对质量问题进行补救处理。施工单位在采取足以保证施工质量的有效措施后，填报"监理通知回复单"报监理单位。

（3）当某道工序或分项工程完工以后，出现不合格项，监理工程师应填写"不合格项处置记录"，要求施工单位及时采取措施予以整改。监理工程师应对其补救方案进行确认，跟踪处理过程，对处理结果进行验收，否则不允许进行下道工序或分项的施工。

（4）在交工使用后的保修期内发现的施工质量问题，监理工程师应及时签发"监理通知"，指令施工单位进行修补、加固或返工处理。

第十套模拟试卷

案例一

某实施监理的工程项目，建设单位通过招标选择了工程施工单位和工程监理单位，并分别签订了工程施工合同和委托监理合同。

该工程项目在实施过程中，形成了许多建设工程文件和档案。以下是该工程项目实施过程中形成的部分工程文件和档案：

（1）建设项目列入年度计划的申报文件。

（2）分包单位资质报审表。

（3）原材料、成品、半成品、构（配）件设备出厂质量合格证及试验报告。

（4）项目建议书审批意见及前期工作通知书。

（5）施工组织设计（方案）报审表。

（6）单位工程质量评定表及报验单。

（7）建设单位工程项目管理部、工程项目监理部、工程施工项目经理部及各自负责人名单。

（8）工程款支付申请表。

按照建设工程档案编制质量与组卷方法，工程项目参与各方对该工程项目实施过程中形成的文件资料进行了收集、组卷、验收和移交。

【问题】

1. 建设工程文件档案资料所具有的特点是什么？

2. 工程参建单位填写的建设工程档案应以什么为依据？

3. 地方城建档案管理部门的职责有哪些？

4. 以上哪些工程文件和档案应分别属于工程准备阶段文件、监理文件和施工文件？

5. 请归纳工程准备阶段的文件有哪几类？

案例二

某施工单位承揽了一项综合办公楼的总承包工程，在施工过程中发生了如下事件：

事件1：施工单位与某材料供应商所签订的材料供应合同中未明确材料的供应时间。急需材料时，施工单位要求材料供应商马上将所需材料运抵施工现场，遭到材料供应商的拒绝，两天后才将材料运到施工现场。

事件2：某设备供应商由于进行设备调试，超过合同约定的期限交付施工单位订购的设备，恰好此时该设备的价格下降，施工单位按下降后的价格支付给设备供应商，设备供应商要求以原价执行，双方产生争执。

事件3：施工单位与某施工机械租赁公司签订的租赁合同约定的期限已到，施工单位将租赁的机械交还租赁公司并交付租赁费，此时，双方签订的合同终止。

事件4：该施工单位与某分包单位所签订的合同中明确规定要降低分包工程的质量，从而减少分包单位的合同价格，为施工单位创造更高的利润。

【问题】

1. 你认为事件1中材料供应商的做法是否正确？为什么？

2. 根据事件1，你认为合同当事人在约定合同内容时要包括哪些方面的条款？

3. 你认为事件2中施工单位的做法是否正确？为什么？

4. 事件3中合同终止的原因是什么？除此之外还有什么情况可以使合同的权利义务终止？

5. 事件4中的合同当事人签订的合同是否有效？

6. 在什么情况下导致合同无效？

案例三

某工程监理公司承担施工阶段监理任务，建设单位采用公开招标方式选定承包单位。在招标文件中对省内与省外投标人提出了不同的资格要求，并规定2002年10月30日为投标截止时间。甲、乙等多家承包单位参加投标，乙承包单位11月5日方提交投标保证金。11月3日由招标办主持举行了开标会。但本次招标由于招标人原因导致招标失败。

建设单位重新招标后确定甲承包单位中标，并签订了施工合同。施工开始后，建设单位要求提前竣工，并与甲承包单位的协商签订了书面协议，写明了甲承包单位为保证施工质量采取的措施和建设单位应支付的赶工费用。

施工过程中发生了混凝土工程质量事故。经调查组技术鉴定，认为是甲承包单位为赶工拆模过早，混凝土强度不足造成。该事故未造成人员伤亡，但导致直接经济损失4.8万元。

质量事故发生后，建设单位以甲承包单位的行为与投标书中的承诺不符，不具备履约能力，又不可能保证提前竣工为由，提出终止合同。甲承包单位认为事故是因建设单位要求赶工引起，不同意终止合同。建设单位按合同约定提请仲裁，仲裁机构裁定终止合同，甲承包单位决定向具有管辖权的法院提起诉讼。

【问题】

1. 指出该工程招投标过程中的不妥之处，并说明理由。招标失败造成单位损失是否应给予补偿？说明理由。

2. 上述质量事故发生后，在事故调查前，总监理工程师应做哪些工作？

3. 上述质量事故的调查组应由谁组织？监理单位是否应参加调查组？说明理由。

4. 上述质量事故的技术处理方案应由谁提出？技术处理方案核签后，总监理工程师应完成哪些工作？该质量事故处理报告应由谁提出？

5. 建设单位与甲承包单位所签协议是否具有与施工合同相同的法律效力？说明理由。具有管辖权的法院是否可依法受理甲承包单位的诉讼请示？为什么？

案例四

某快速干道工程，工程开工、竣工时间分别为当年4月1日、9月30日。业主根据该工程的特点及项目构成情况，将工程分为三个标段。其中第Ⅲ标段造价为4150万元，第Ⅲ标段中的预制构件由甲方提供（直接委托构件厂生产）。

A监理公司承担了第Ⅲ标段的监理任务，委托监理合同中约定期限为190天，监理酬金为60万元。但实际上，由于非监理方原因导致监理时间延长了25天。经协商，业主同意支付由于时间延长而发生的附加工作报酬。

1. 请计算此附加工作报酬值（保留小数点后2位）。

2. 为了做好该项目的投资控制工作，监理工程师明确了如下投资控制的措施。

（1）编制资金使用计划，确定投资控制目标。

（2）进行工程计量。

（3）审核工程付款申请，签发付款证书。

（4）审核施工单位编制的施工组织设计，对主要施工方案进行技术经济分析。

（5）对施工单位报送的单位工程质量评定资料进行审核和现场检查，并予以签认。

（6）审查施工单位现场项目管理机构的技术管理体系和质量保证体系。

请选出以上措施中哪些不是投资控制的措施。

3. 第Ⅲ标段施工单位为C公司，业主与C公司在施工合同中约定：

（1）开工前业主应向C公司支付合同价25%的预付款，预付款从第3个月开始等额扣还，4个月扣完；

（2）业主根据C公司完成的工程量（经监理工程师签认后）按月支付工程款，保留金额为合同总额的5%。保留金按每月产值的10%扣除，直至扣完为止；

（3）监理工程师签发的月付款凭证最低金额为300万元。

第Ⅲ标段各月完成产值见表10-1：

各月完成产值表　　　　　　　　　　　　　　　　表10-1

	4月	5月	6月	7月	8月	9月
C公司	480	685	560	430	620	580
构件厂			275	340	180	

【问题】

支付给C公司的工程预付款是多少？监理工程师在第4、5、6、7、8月底分别给C公司实际签发的付款凭证金额是多少？

案例五

某工程，建设单位与施工单位按《建设工程施工合同（示范文本）》签订了施工合同，采用可调价合同形式，工期20个月，项目监理机构批准的施工总进度计划如图10-1所示，各项工作在其持续时间内均为匀速进展。每月计划完成的投资（部分）见表10-2。

各项工作每月计划完成的投资（部分）　　　　　　表10-2

工 作	A	B	C	D	E	F	G
计划完成投资/万元	60	70	90	120	60	150	30

施工过程中发生如下事件：

事件1：建设单位要求调整场地标高，设计单位修改施工图，A工作开始时间推迟1

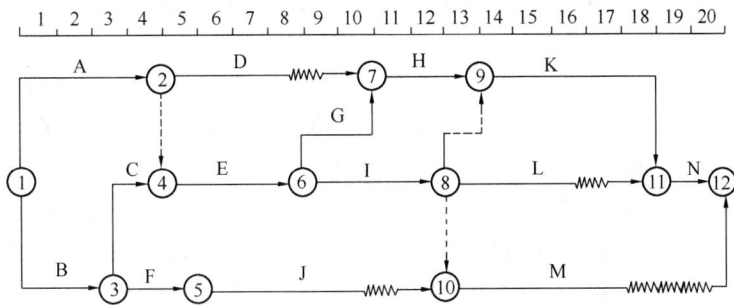

图 10-1　项目监理机构批准的施工总进度计划

个月，致使施工单位机械闲置和人员窝工损失。

事件 2：设计单位修改图样使 C 工作发生工程量变化，增加造价 10 万元，施工单位及时调整施工部署，如期完成了 C 工作。

事件 3：D、E 工作受 A 工作的影响，开始时间也推迟了 1 个月，由于物价上涨原因，6～7 月份 D、E 工作的实际完成投资较计划完成投资增加了 10%。D、E 工作均按原持续时间完成，由于施工机械故障，J 工作 7 月份实际完成计划工程量的 80%，J 工作持续时间最终延长 1 个月。

事件 4：G、I 工作的实施过程中遇到非常恶劣的气候，导致 G 工作持续时间延长 0.5 个月；施工单位采取了赶工措施，使工作能按原持续时间完成但需增加赶工费 0.5 万元。

事件 5：L 工作为隐蔽工程，在验收后项目监理机构对质量提出了质疑，施工单位以隐蔽工程已经监理工程师验收为由拒绝复验。在监理机构的坚持下，对隐蔽工程进行剥离复验。复验结果，工程质量不合格，施工单位进行了整改。

以上事件 1～4 发生后，施工单位均在规定时间内提出工期顺延和费用补偿要求。

1～7 月份投资情况见表 10-3。

1～7 月份投资情况　　　　　　　　　　　　　　　　表 10-3

（单位：万元）

月份	1	2	3	4	5	6	7	合计
拟完工程计划投资	130	130	130	300	330	210	210	1440
已完工程计划投资		130	130					
已完工程实际投资		130	130					

【问题】

1. 事件 1 中，施工单位顺延工期和补偿费用的要求是否成立？说明理由。

2. 事件 4 中，施工单位顺延工期和补偿费用的要求是否成立？说明理由。

3. 事件 5 中施工复验，施工单位、项目监理机构的做法是否妥当？分别说明理由。

4. 针对施工过程中发生的事件，项目监理机构应批准的工程延期为多少个月？该工程实际工期为多少个月？

5. 在"1～7 月份投资情况"表（见表 10-3）中填出空格处的已完工程计划投资和已

完工程实际投资，并分析第 7 月末的投资偏差和以投资额表示的进度偏差。

案例六

某建设工程项目，建设单位委托某监理公司负责施工阶段的监理工作。该公司副经理出任项目总监理工程师。

总监理工程师责成公司技术负责人组织经营、技术部门人员编制该项目监理规划。参编人员根据本公司已有的监理规划标准范本，将投标时的监理大纲做适当改动后编成该项目监理规划，该监理规划经公司的经理审核签字后，报送给建设单位。

该监理规划包括以下 8 项内容：①工程项目概况；②监理工作依据；③监理工作内容；④项目监理机构的组织形式；⑤项目监理机构人员配备计划；⑥监理工作方法及措施；⑦项目监理机构的人员岗位职责；⑧监理设施。

在第一次工地会议上，建设单位根据监理中标通知书及监理公司报送的监理规划，宣布了项目总监理工程师的任命及授权范围。项目总监理工程师根据监理规划介绍了监理工作内容、项目监理机构的人员岗位职责和监理设施等内容。其中：

（1）监理工作内容：①编制项目施工进度计划，报建设单位批准后下发施工单位执行；②检查现场质量情况并与规范标准对比，发现偏差时下达监理指令；③协助施工单位编制施工组织设计；④审查施工单位投标报价的组成，对工程项目造价目标进行风险分析；⑤编制工程量计量规则，依此进行工程计量；⑥组织工程竣工验收。

（2）项目监理机构的人员岗位职责：

本项目监理机构设总监理工程师代表，其职责包括：①负责日常监理工作；②审批"监理实施细则"；③调换不称职的监理人员；④处理索赔事宜，协调各方的关系。

监理员的职责包括：①进场工程材料的质量检查及签认；②隐蔽工程的检查验收；③现场工程计量及签收。

（3）监理设施：

监理工作所需测量仪器、检验及试验设备向施工单位借用，如不能满足需要，指令施工单位提供。

【问题】

（请根据《建设工程监理规范》GB/T 50319—2013 回答）

1. 请指出该监理公司编制"监理规划"的作法不妥之处，并写出正确的作法。

2. 请指出该"监理规划"内容的缺项名称。

3. 请指出"第一次工地会议"上建设单位不正确的作法，并写出正确的作法。

4. 在总监理工程师介绍的监理工作内容、项目监理机构的人员岗位职责和监理设施的内容中，找出不正确的内容并改正。

第十套模拟试卷参考答案、考点分析

案例一

问题1

建设工程文件档案资料的特点：分散性和复杂性、继承性和时效性、全面性和真实性、随机性、多专业性和综合性。

问题2

工程参建单位填写的建设工程档案应以施工及验收规范、工程合同、设计文件、工程施工质量验收统一标准等为依据。

问题3

地方城建档案管理部门的职责：

（1）负责接收和保管所辖范围应当永久和长期保存的工程档案和有关资料。

（2）负责对城建档案工作进行业务指导，监督和检查有关城建档案法规的实施。

（3）列入向本部门报送工程档案范围的工程项目，其竣工验收应由本部门参加并负责对移交的工程档案进行验收。

问题4

（1）工程准备阶段的文件：建设项目列入年度计划的申报文件；项目建议书审批意见及前期工作通知书；建设工程项目管理部、工程项目监理部、工程施工项目经理部及各自负责人名单。

（2）监理文件：分包单位资质报审表；施工组织设计（方案）报审表；工程款支付申请表。

（3）施工文件：原材料、成品、半成品、构（配）件设备出厂质量合格证及试验报告；单位工程质量评定表及报验单。

问题5

工程准备阶段的文件可归纳为：立项文件；建设用地、征地、拆迁文件；开工审批文件。

案例二

1. 事件1中材料供应商的做法是正确的。

理由：当履行期限不明确的，债务人可以随时履行，债权人也可以随时要求履行，但应当给对方必要的准备时间。

2. 根据事件1，合同当事人在约定合同内容时，要约定以下条款：

当事人的名称或者姓名和住所；标的；数量；质量；价款或者报酬；履行期限、地点和方式；违约责任；解决争议的方法。

3. 事件2中施工单位的做法是正确的。

理由：逾期交付标的物的，遇价格上涨时，按照原价格执行；价格下降时，按照新价格执行。

4.（1）事件3中合同终止的原因是债务已经按照约定履行。

（2）可以使合同终止的其他情形有：合同解除；债务相互抵消；债权人依法将标的物提存；债权人免除债务；债权债务同归于一人；法律规定或者当事人约定终止的其他情形。

5. 事件4中的合同当事人签订的合同无效。

6. 可导致合同无效的情形有：

（1）一方以欺诈、胁迫的手段订立合同，损害国家利益。

（2）恶意串通，损害国家、集体或者第三人利益。

（3）以合法形式掩盖非法目的。

（4）损害社会公共利益。

（5）违反法律、行政法规的强制性规定。

案例三

1.（1）该工程招标投标过程中的不妥之处和理由：

①不妥之处：对省内与省外投标人提出了不同的资格要求。

理由：招标投标法规定，对于公开招标应当平等地对待所有投标人，不得以不合理条件限制或排斥潜在投标人，不得对潜在投标人实行歧视待遇。

②不妥之处：投标截止时间与开标时间不同。

理由：《中华人民共和国招标投标法》规定，开标应当在提交投标文件截止时间的同一时间公开进行。

③不妥之处：由招标办主持举行开标会。

理由：招标投标法规定应由招标人或其代理人主持开标会。

④不妥之处：乙承包单位提交投标保证金的时间在投标截止时间之后。

理由：投标保证金是投标书的组成部分，应在投标截止日前提交。

（2）招标人招标失败造成投标单位损失不予补偿。

理由：招标公告在合同法律制度中属于要约邀请，是希望他人向自己发出要约的意思表示。要约邀请并不是合同成立过程中的必经过程，它是当事人订立合同的预备行为，在法律上无须承担责任。因此，招标对招标人不具有合同意义上的约束力，不能保证投标人中标。

2. 质量事故发生后，在事故调查前，总监理工程师应该做如下工作。

（1）工程质量事故发生后，总监理工程师签发《工程暂停令》，并要求施工单位停止进行质量缺陷部位和与其有关联部位及下道工序施工；

（2）要求施工单位采取必要的措施，防止事故扩大并保护好现场；

（3）要求质量事故发生单位在24小时内写出质量事故报告，并按类别和等级向相应的主管部门上报。

3.（1）质量事故调查组应由市、县级建设行政主管部门组织。

理由：此事故属一般质量事故（直接经济损失在5000元以上不满5万）。

（2）监理单位应该参加质量事故的调查。

理由：事故的发生若监理方无责任，监理工程师可应邀参加调查组，参与事故的调查；若监理方有责任，应予以回避，但应配合调查组工作。本例中的事故是由于甲承包单位为赶工拆模过早造成的，监理单位无责任。

4.（1）质量事故技术处理方案一般应委托原设计单位提出，其他单位提供的技术处理方案，应经原设计单位同意签认。所以应由原设计单位提出，其由甲承包单位提出，要经原设计单位签认。

（2）技术处理方案核签后，总监理工程师应：

①要求施工单位制定详细的施工方案，并审核签认；

②对工程质量事故技术处理施工质量进行监督、检查；

③对技术处理结果组织检查、验收、签认；

④要求事故单位编写事故处理报告；

⑤签发《工程复工令》。

（3）该质量事故处理报告应由甲承包单位提出。

5.（1）建设单位与甲承包单位所签协议具有与施工合同相同的法律效力。

理由：在建设工程施工合同协议书与通用条款中规定，对合同当事人双方有约束力的合同文件包括签订合同时已形成的文件和履行过程中构成对双方有约束力的文件两大部分。因此，在合同履行过程中，双方有关工程的洽商、变更等书面协议或文件也构成对双方有约束力的合同文件，将其视为协议书的组成部分。

（2）具有管辖权的法院对甲承包单位的诉讼请求不予受理

理由：仲裁与诉讼均是合同争议的解决方式，但二者只能选择其一。只有在合同双方当事人没有约定仲裁协议的情况下，才能以诉讼作为解决争议的最终方式。同时，仲裁具有一裁终局的原则，即裁决作出后，当事人就同一纠纷再申请仲裁或者向人民法院起诉的，仲裁委员会或者人民法院不予受理。

案例四

1. 第Ⅲ标段监理合同报酬为 60 万元，本题中附加监理工作报酬＝25×60/190 天＝7.89(万元)。

2. 第（5）、（6）两项不是投资控制的措施。

3.（1）C 公司承担部分的合同额＝480＋685＋560＋430＋620＋580＝3355(万元)。

C 公司工程预付款＝3355×25％＝838.75(万元)。

工程保留金＝3355×5％＝167.35(万元)。

（2）监理工程师在第 4、6、7、8 月底分别给 C 公司实际签发的付款凭证金额：

4 月份：

完成工程量 480 万元。

扣保留金＝480×10％＝48(万元)。

实际签发的付款凭证金额＝480－48＝432(万元)。

5 月份：

完成工程量＝685 万元。

扣保留金＝685×10％＝68.5(万元)。

实际签发的付款凭证金额＝685－68.5＝616.5(万元)。

6 月份：

完成工程量＝560 万元。

扣保留金＝167.35－48－68.5＝51.25(万元)。

扣预付款＝838.75/4＝209.69 万元。

应签发的付款凭证金额＝560－51.25－209.69＝299.06（万元），低于合同规定的最低支付限额 300 万元，故 6 月不签发付款凭证，转入下月结算。

7 月份：

完成工程量＝430 万元。

扣预付款＝209.9 万元。

应签发的付款凭证金额＝430－209.69＝220.31（万元）。

实际应签发的付款凭证金额＝299.06＋220.31＝519.37（万元）。

8 月份：

应签发的付款凭证金额＝620－209.69＝410.31（万元）。

实际应签发的付款凭证金额 410.31 万元。

案例五

1. 事件 1 中，施工单位顺延工期和补偿费用的要求成立。

理由：A 工作开始时间推迟属建设单位原因且 A 工作在关键线路上。

2. （1）事件 4 中，施工单位顺延工期要求成立。

理由：因该事件为不可抗力事件且 G 工作在关键线路上。

（2）事件 4 中，施工单位补偿费用要求不成立。

理由：因属施工单位自行赶工行为。

3. （1）事件 5 中施工复验，施工单位的做法不妥。

理由：施工单位不得拒绝剥离复验。

（2）事件 5 中施工复验，项目监理机构的做法妥当。

理由：对隐蔽工程质量产生质疑时有权进行剥离复验。

4. （1）事件 1 发生后应批准工程延期 1 个月。

（2）事件 4 发生后应批准工程延期 0.5 个月。

其他事件未造成工期延误，故项目监理机构批准的工程延期为 1.5 个月。该工程实际工期为 20＋1＋0.5＝21.5（月）。

5. （1）7 月末的投资偏差和进度偏差分析见表 10-4。

1～7 月投资情况表
表 10-4

单位：万元

月 份	第 1 月	第 2 月	第 3 月	第 4 月	第 5 月	第 6 月	第 7 月	合计
拟完工程计划投资	130	130	130	300	330	210	210	1440
已完工程计划投资	70	130	130	300	210	210	204	1254
已完工程实际投资	70	130	130	310	210	228	222	1300

（2）7 月末投资偏差＝1300－1254＝46（万元）＞0，投资超支。

（3）7 月末进度偏差＝1440－1254＝186（万元）＞0，进度拖延。

案例六

1. （1）监理规划由公司技术负责人组织经营、技术部门人员编制不妥；应由总监理工程师主持，专业监理工程师参加编制；

（2）公司经理审核不妥，应由公司技术负责人审核；

（3）根据范本（监理大纲）修改不妥，应具有针对性（根据工程特点、规模、合同等编制）

2. 缺项名称：监理工作范围，监理工作目标，监理工作程序，监理工作制度。

3. 建设单位根据监理中标通知书及监理公司报送的监理规划宣布项目总监理工程师及授权范围不正确，对总监理工程师的授权应根据委托监理合同宣布。

4. （1）监理工作内容：

①错误，应改为：审查并批准（审核、审查）施工单位报送的施工进度计划；

③错误，应改为：审查并批准（审核、审查）施工单位报送的施工组织设计；

④错误，应改为：项目监理机构应依据施工合同有关条款、施工图，对工程项目造价目标进行风险分析，并应制定防范性对策；

⑤错误，应改为：项目监理机构应按施工合同约定的工程量计算规则和支付条款进行工程量计量和工程款支付；

⑥错误，应改为：参加工程竣工验收（或组织工程预验收）。

（2）人员岗位职责：

1）总监理工程师代表职责：

②错误，应改为：总监理工程师批准"监理实施细则"（或参加编写或参与批准"监理实施细则"）；

③错误，应改为：总监理工程师调配不称职的监理人员（或向总监理工程师建议，或根据总监理工程师指示、决定调配不称职的监理人员）；

④错误，应改为：总监理工程师处理索赔事宜，协调各方的关系（或参加或协助总监理工程师处理索赔事宜，协调各方的关系）。

2）监理员职责：

①错误，应改为：专业监理工程师负责进场工程材料质量检查及验收（或参加进场材料的现场质量检查）；

②错误，应改为：专业监理工程师负责隐蔽工程检查验收（或参加隐蔽工程的现场检查）；

③错误，应改为：专业监理工程师负责现场工程计量及签认（或参加现场工程量计量工作；或根据施工图及从现场获取的有关数据，签署原始计量凭证）。

（3）向施工单位借用和指令施工单位提供监理设施错误，应改为：项目监理机构应根据委托监理合同的约定，配备满足监理工作需要的常规检测设备和工具。

第十一套模拟试卷

案例一

某钢结构公路桥项目，业主将桥梁下部结构工程发包给甲施工单位，将钢梁制造、架设工程发包给乙施工单位。业主通过招标选择了某监理单位承担施工阶段监理任务。

监理合同签订后，总监理工程师组建了直线制监理组织机构，并重点提出了质量目标控制措施如下。

(1) 熟悉质量控制依据和文件；

(2) 确定质量控制要点，落实质量控制手段；

(3) 完善职责分工及有关质量监督制度，落实质量控制责任；

(4) 对不符合合同规定质量要求的，拒签付款凭证；

(5) 审查承包单位提交的施工组织设计和施工方案；

同时提出了项目监理规划编写的几点要求如下。

(1) 为使监理规划具有针对性，要编写2份项目监理规划；

(2) 监理规划要把握项目运行内在规律；

(3) 监理规划的表达应规范化、标准化、格式化；

(4) 监理规划根据大桥架设进展，可分阶段编写。但编制完成，由监理单位审核批准并报业主认可后，一经实施，就不得再行修改；

(5) 授权总监理工程师代表主持监理规划的编制；

【问题】

1. 画出总监理工程师组建的监理组织机构图。

2. 监理工程师在进行目标控制时应采取哪些方面的措施？上述总监理工程师提出的质量目标控制措施各属哪一种措施？

3. 分析总监理工程师提出的质量目标控制措施哪些是主动控制措施，哪些是被动控制措施。

4. 逐条回答总监理工程师提出的监理规划编制要求是否妥当，为什么？

案例二

某实行监理的工程，施工合同价为15000万元，合同工期为18个月，预付款为合同价的20%，预付款自第7个月起在每月应支付的进度款中扣回300万元，直至扣完为止，保留金按进度款的5%从第1个月开始扣除。

工程施工到第5个月，监理工程师检查发现第3个月浇筑的混凝土工程出现细微裂缝。经查验分析，产生裂缝的原因是由于混凝土养护措施不到位所致，须进行裂缝处理。为此，项目监理机构提出："出现细微裂缝的混凝土工程暂按不合格项目处理，第3个月已付该部分工程款在第 5 个月的工程进度款中扣回,在细微裂缝处理完毕并验收合格后的次月再支付"。经计算,该混凝土工程的直接工程费为 200 万元,取费费率:措施费为直接工程费的 5%,间接费费率为 8%,利润率为 4%,综合计税系数为 3.41%。

施工单位委托一家具有相应资质的专业公司进行裂缝处理,处理费用为 4.8 万元,工作时间为 10 天。该工程施工到第 6 个月,施工单位提出补偿 4.8 万元和延长 10 天工期的申请。

该工程前 7 个月施工单位实际完成的进度款见表 11-1。

施工单位实际完成的进度款 表 11-1

时间/月	1	2	3	4	5	6	7
实际完成的进度款(万元)	200	300	500	500	600	800	800

【问题】

1. 项目监理机构在前 3 个月可签认的工程进度款分别是多少(考虑扣保留金)?

2. 写出项目监理机构对混凝土工程中出现细微裂缝质量问题的处理程序。

3. 计算出现细微裂缝的混凝土工程的造价。项目监理机构是否应同意施工单位提出的补偿 4.8 万元和延长 10 天工期的要求?说明理由。

4. 如果第 5 个月无其他异常情况发生,计算该月项目监理机构可签认的工程进度款。

5. 如果施工单位按项目监理机构要求执行,在第 6 个月将裂缝处理完成并验收合格,计算第 7 个月项目监理机构可签认的工程进度款。

案例三

某实施监理的工程,工程实施过程中发生以下事件。

事件 1:甲施工单位将其编制的施工组织设计报送建设单位。建设单位考虑到工程的复杂性,要求项目监理机构审核该施工组织设计;施工组织设计经监理单位技术负责人签字后,通过专业监理工程师转交给甲施工单位。

事件 2:甲施工单位依据施工合同将深基坑工程分包给乙施工单位,乙施工单位将其编制的深基坑支护专项施工方案报送项目监理机构,专业监理工程师接收并审核批准了该方案。

事件 3:主体工程施工过程中,因不可抗力造成损失。甲施工单位及时向项目监理机构提出索赔申请,并附有相关证明材料,要求补偿的经济损失如下:

(1)在建工程损失 26 万元。

(2)施工单位受伤人员医药费、补偿金 4.5 万元。

(3)施工机具损坏损失 12 万元。

(4)施工机具闲置、施工人员窝工损失 5.6 万元。

(5)工程清理、修复费用 3.5 万元。

事件 4:甲施工单位组织工程竣工预验收后,向项目监理机构提交了工程竣工报验单,项目监理机构组织工程竣工验收后,向建设单位提交了工程质量评估报告。

【问题】

1. 指出事件 1 中的不妥之处,写出正确做法。

2. 指出事件 2 中专业监理工程师做法的不妥之处,写出正确做法。

3. 逐项分析事件 3 中的经济损失是否应补偿给甲施工单位，分别说明理由。项目监理机构批准的补偿金额为多少万元？

4. 指出事件 4 中的不妥之处，写出正确做法。

案例四

某实施监理的工程，招标文件中工程量清单标明的混凝土工程量为 2400m³，投标文件综合单价分析表显示：人工单价 100 元/工日，人工消耗量 0.40 工日/m³；材料费单价 275 元/工日，机械台班消耗量 0.025 台班/m³；机械台班单价 1200 元/台班。采用以直接费为计算基础的综合单价法进行计价，其中，措施费为直接工程费的 5%，间接费费率为 10%，利润率为 8%，综合计税系数为 3.41%。施工合同约定，实际工程量超过清单工程量 15% 时，混凝土全费用综合单价调整为 420 元/m³。

施工过程中发生以下事件：

事件 1：基础混凝土浇筑时局部漏振，造成混凝土质量缺陷，专业监理工程师发现后要求施工单位返工。施工单位拆除存在质量缺陷的混凝土 60m³，发生拆除费用 3 万元，并重新进行了浇筑。

事件 2：主体结构施工时，建设单位提出改变使用功能使该工程混凝土量增加到 2600m³。施工单位收到变更后的设计图纸时，变更部位已按原设计浇筑完成的 150m³ 混凝土需要拆除，发生拆除费用 5.3 万元。

【问题】

1. 计算混凝土工程的直接工程费和全费用综合单价。

2. 事件 1 中，因拆除混凝土发生的费用是否应计入工程价款？说明理由。

3. 事件 2 中，该工程混凝土工程量增加到 2600m³，对应的工程结算价款是多少万元？

4. 事件 2 中，因拆除混凝土发生的费用是否应计入工程价款？说明理由。

5. 计入结算的混凝土工程量是多少？混凝土工程的实际结算价款是多少万元？

（计算结果保留两位小数）

案例五

某工程项目合同工期为 20 个月，建设单位委托某监理公司承担施工阶段监理任务。经总监理工程师审核批准的施工进度计划如图 11-1 所示，各项工作均匀速施工。

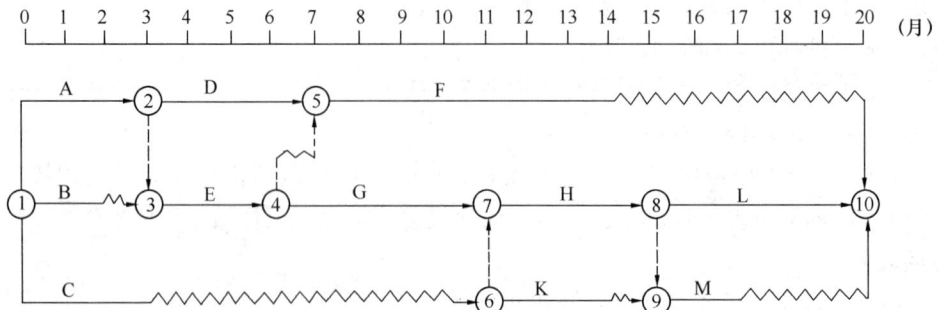

图 11-1 总监理工程师批准的施工进度计划图（单位：月）

【问题】

1. 如果工作 B、C、H 要由一个专业施工队顺序施工，在不改变原施工进度计划总工期和工作工艺关系的前提下，如何安排该三项工作最合理？此时该专业施工队最少的工作间断时间为多少？

2. 由于建设单位负责的施工现场拆迁工作未能按时完成，总监理工程师口头指令承包单位开工日期推迟 4 个月，工期相应顺延 4 个月，鉴于工程未开工，因延期开工给承包单位造成的损失不予补偿。指出总监理工程师做法的不妥之处，并写出相应的正确做法。

3. 推迟 4 个月开工后，当工作 G 开始之时检查实际进度，发现此前施工进度正常。此时，建设单位要求仍按原竣工日期完成工程，承包单位提出如下赶工方案，得到总监理工程师的同意。该方案将 C、H、L 三项工作均分成两个施工段组织流水施工，数据见表 11-2 所示。

施工段及流水节拍表　　　　　　　　　　　　　表 11-2

流水节拍	施　工　段	
	①	②
G	2	3
H	2	2
L	2	3

G、H、L 三项工作流水施工的工期为多少？此时工程总工期能否满足原竣工日期的要求？为什么？

4. 工作 G 经监理工程师核准每月实际完成工程量均为 400m³。承包单位在报价单中的工料单价为 50 元/m³，其他直接费率为 3%，间接费率为 10%，现场经费率为 5%，利润率为 5%，计税系数为 3.41%。按合同约定，工作 G 每月的结算款应为多少？

案例六

某一实施监理的高层商业大厦，其建设单位与甲施工单位签订了施工承包合同，与乙监理单位签订了该工程的委托监理合同。该工程项目为 50 层钢筋混凝土框剪结构，位于繁华的商业街区中心地段，施工场地狭窄，高空作业多。

该项目的总监理工程师为此专门组织了项目监理机构有关人员学习《建设工程安全生产管理条例》等文件，在实施监理过程中，特别强调了对安全管理问题应当严格按照法律、法规和工程建设强制性标准实施监理。

【问题】

1. 在《建设工程安全生产管理条例》中，提出了哪些安全生产管理制度？

2. 施工单位在编制施工组织设计中的安全技术措施和施工现场用电方案时，对于哪些危险性较大的达到一定规模的分部分项工程需要编制专项的施工方案，并应经总监理工程师签认后实施？

第十一套模拟试卷参考答案、考点分析

案例一

1. 直线制监理机构图如图 11-2 所示。

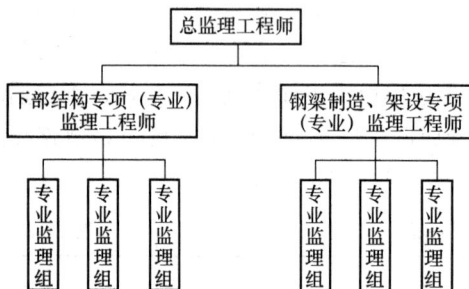

图 11-2 直线制监理机构

2. 监理工程师在进行目标控制时应采取组织措施、经济措施、合同措施。

总监理工程师提出的质量目标控制措施分别属于如下措施：

第（1）条措施属技术措施（或合同措施）；

第（2）条措施属技术措施；

第（3）条措施属组织措施；

第（4）条措施属经济措施（或合同措施）；

第（5）条措施属技术措施；

3. 措施（2）、（3）、（5）属于主动控制；措施（4）属于被动控制。

4. 要求（1）不妥当。1个委托监理合同，应编写1份监理规划。

要求（2）妥当。监理规划的指导作用决定的。

要求（3）妥当。可使监理规划的内容、深度统一。

要求（4）不妥。监理规划可以修改，但应按原审批程序报监理单位审批和经业主认可。

要求（5）不妥。总监理工程师此项权力不能授权总监理工程师代表。

案例二

1. 项目监理机构在前3个月可签认的工程进度款分别是：

第1个月签认的进度款＝200万元×（1－5％）＝190（万元）。

第2个月签认的进度款＝300万元×（1－5％）＝285（万元）。

第3个月签认的进度款＝500万元×（1－5％）＝475（万元）。

2. 项目监理机构对混凝土工程出现细微裂缝质量问题的处理程序：

（1）当发生工程质量问题时，监理工程师首先应判断其严重程度。对可以通过返修或返工弥补的质量问题可签发监理通知，责成施工单位写出质量问题调查报告，提出处理方案，填写监理通知回复单报监理工程师审核后，批复承包单位处理，必要时应经建设单位和设计单位认可，处理结果应重新进行验收。

（2）对需要加固补强的质量问题，或质量问题存在影响下道工序和分项工程的质量时，应签发工程暂停令，指令施工单位停止有质量问题部位和与其有关联部位及下道工序的施工。必要时，应要求施工单位采取防护措施，责成施工单位写出质量问题调查报告，由设计单位提出处理方案，并征得建设单位同意，批复承包单位处理。处理结果应重新进行验收。

（3）施工单位接到监理通知后，在监理工程师的组织参与下，尽快进行质量问题调查并完成报告编写。

（4）监理工程师审核、分析质量问题调查报告，判断和确认质量问题产生的原因。

（5）在原因分析的基础上，认真审核签认质量问题处理方案。

（6）指令施工单位按既定的处理方案实施处理并进行跟踪检查。

（7）质量问题处理完毕，监理工程师应组织有关人员对处理的结果进行严格的检查、鉴定和验收，写出质量问题处理报告，报建设单位和监理单位存档。

3. 出现细微裂缝的混凝土工程的造价＝200 万元×(1＋5％)×(1＋8％)×(1＋4％)×(1＋3.41％)＝243.92(万元)。

项目监理机构不应同意施工单位提出的费用补偿 4.8 万元和延长 10 天工期的要求。

理由：产生裂缝的原因是由于混凝土养护措施不到位所致，这属于施工单位应承担的责任。

4. 如果第 5 个月无其他异常情况发生，则第 5 个月项目监理机构可签认的工程进度款＝600 万元×(1－5％)－243.92 万元＝326.08(万元)。

5. 如果施工单位按项目监理机构要求执行，在第 6 个月将裂缝处理完成并验收合格，则第 7 个月项目监理机构可签认的工程进度款＝800 万元×(1－5％)－300 万元＋243.92 万元＝703.92(万元)。

案例三

1. 事件 1 中的不妥之处及正确做法：

（1）不妥之处：甲施工单位将其编制的施工组织设计报送建设单位。正确做法：甲施工单位将其编制的施工组织设计报送监理单位。

（2）不妥之处：施工组织设计经监理单位技术负责人审核签字。正确做法：施工组织设计应经总监理工程师审核。

（3）不妥之处：施工组织设计经审核签字后，通过专业监理工程师转交给甲施工单位。正确做法：施工组织设计审核签字后，由项目监理机构报送建设单位。

2. 事件 2 中专业监理工程师做法的不妥之处：专业监理工程师接收并审核批准了深基坑支护专项施工方案。正确做法：根据《建设工程安全生产管理条例》规定，事件 2 中深基坑支护专项施工方案需经总承包单位技术负责人、总监理工程师签字后方可实施。

3.（1）在建工程损失 26 万元的经济损失应补偿给施工单位。理由：不可抗力造成工程本身的损失，由建设单位承担。

（2）施工单位受伤人员医药费、补偿金 4.5 万元的经济损失不应补偿给施工单位。理由：不可抗力造成承、发包双方的人员伤亡损失，分别各自承担。

（3）施工机具损坏损失 12 万元的经济损失不应补偿给施工单位。理由：不可抗力造成机械设备损坏损失，由承包人承担。

（4）施工机械闲置、施工人员窝工损失 5.6 万元的经济损失不应补偿给施工单位。理由：不可抗力造成承包人机械设备的停工损失，由承包人承担。

（5）工程清理、修复费用 3.5 万元的经济损失应补偿给施工单位。理由：不可抗力造成工程清理、修复费用由建设单位承担。

项目监理机构应批准的补偿金额：26＋3.5＝29.5（万元）。

4. 事件 4 中的不妥之处及正确做法：

（1）不妥之处：甲施工单位组织工程竣工预验收。正确做法：应由总监理工程师组织工程竣工预验收。

（2）不妥之处：甲施工单位向项目监理机构提交了工程竣工报验单。正确做法：总监理工程师组织工程竣工预验收，对存在的问题，应及时要求承包单位整改，整改完毕后由总监理工程师签署工程竣工报验单。

（3）不妥之处：项目监理机构组织工程竣工验收。正确做法：应由建设单位组织工程竣工验收。

（4）不妥之处：组织工程竣工验收后，项目监理机构向建设单位提交了工程质量评估报告。正确做法：在总监理工程师签署工程竣工报验单的基础上，提出工程质量评估报告，并应经总监理工程师和监理单位技术负责人审核签字。

案例四

1. 全费用综合单价＝直接工程费＋措施费＋间接费＋利润＋税金；

直接工程费＝$100 \times 0.4 \times 2400 + 275 \times 2400 + 1200 \times 0.025 \times 2400 = 828000$（元）＝82.8（万元）

全费用综合单价＝$\{[828000 \times (1+5\%) \times (1+10\%) \times (1+8\%) \times (1+3.41\%)]/2400\}$元/$m^3$＝445.03（元/$m^3$）

2. 事件 1 中，因拆除混凝土发生的费用不应计入工程价款。

理由：施工质量缺陷造成损失，属于施工单位责任范围，返工增加的费用由施工单位承担，工期不予顺延。

3. 事件 2 中，该工程混凝土工程量增加到 2600m^3。施工合同约定，实际工程量超过清单工程量15%时，混凝土全费用综合单价调整为 420 元/m^3。通过计算可知，实际工程量超过清单工程量为8.3%（200/2400），所以对应的工程结算价款仍按原综合单价结算，即：结算价款＝$445.03 \times 2600 = 1157078$（元）$\approx$115.71（万元）。

4. 事件 2 中，因拆除混凝土发生的费用应计入工程价款。

理由：建设单位提出工程变更，造成拆除混凝土，属于建设单位承担责任范围。

5. 计入结算的混凝土工程量＝$2600 + 150 = 2750$（m^3）

实际结算价＝$2750 \times 445.03 + 53000 = 1276832.5$（元）$\approx$127.68（万元）。

案例五

1. 首先确定给定施工进度计划中的关键线路（图 11-3）

从上图中可以看出：B 工作可利用其自由时差，按最迟开始时间开始，工作 C 安排在B 工作后进行，即按 B→C→H 施工顺序安排最合理。此时该专业队最少的工作间断时间为 $ES_H - EF_C = 11 - 6 = 5$（个月）

2. 总监理工程师做法的不妥之处在于：不应口头指令承包单位开工日期推迟。因延期开工给承包单位造成的损失不予补偿。

正确做法：建设工程施工合同管理中关于延期开工管理规定如下：因发包人的原因施工现场尚不具备施工条件，影响了承包人不能按照协议书约定的日期开工时，工程师应以书面形式通知承包人推迟开工日期。发包人应当赔偿承包人因此造成的损失，相应顺延工期。

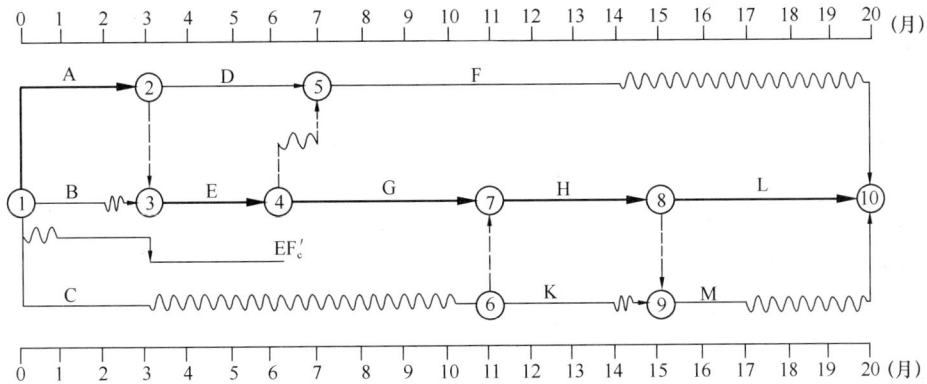

图 11-3 施工进度计划中的关键线路（单位：月）

3. （1）确定流水步距——用累加数列错位相减取大差值法。

G 和 H 之间：

$$
\begin{array}{r}
2,\ 5 \\
-)\quad 2,\ 4 \\
\hline
2,\ 3,\ -4
\end{array}
$$

所以：$K_{G,H} = \max\{2,\ 3,\ -4\} = 3(月)$

H 和 L 之间：

$$
\begin{array}{r}
2,\ 4 \\
-)\quad 2,\ 5 \\
\hline
2,\ 2,\ -5
\end{array}
$$

所以：$K_{H,L} = \max\{2,\ 2,\ -5\} = 2(月)$

（2）计算流水施工工期 T。

$$T = (3+2) + (2+3) = 10(月)$$

（3）计算总工期。

A→D→F 线路：$4+(3+4)+7 = 18(月)$

A→E→G→H→L 线路：$4+(3+3)+10 = 20(月)$

A→E→G→H→M 线路：$4+(3+3)+[3+(2+2)]+2 = 19(月)$

B→E→G→H→L 线路：$4+(2+3)+10 = 19(月)$

其他线路较短。

故：此时工程总工期为 20 个月。此时工程总工期可以满足原竣工日期的要求。

4. 直接费：$400m^3 \times 50$ 元$/m^3 = 20000(元)$

其他直接费：20000 元$\times 3\% = 600(元)$

现场经费：20000 元$\times 5\% = 1000(元)$

间接费：$(20000+600+1000)$ 元$\times 10\% = 2160(元)$

利润：$(20000+600+1000+2160)$ 元$\times 5\% = 1188(元)$

税金：$(20000+600+1000+2160+1188)$ 元$\times 3.41\% = 850.73(元)$

结算款：$(20000+600+1000+2160+1188+850.73)$ 元$= 25798.73(元)$

所以，工作 G 每月的结算款为 25798.73 元。

案例六

1.《建设工程安全生产管理条例》中，对安全生产管理提出了 14 项制度。

（1）监督把关方面：建设工程开工报告审批、拆除工程备案制度；施工起重机械及自升设备使用登记制度；政府的安全监督管理制度；专项施工方案专家论证审查制度；施工单位主要负责人、项目负责人、专职安全生产管理人员考核任职制度；特殊作业人员执证上岗制度；生产安全事故报告制度。

（2）安全生产责任方面：安全生产责任制度；施工现场消防安全责任制度。

（3）安全保证方面：意外伤害保险制度；生产安全事故应急救援处理制度；危及施工安全的工艺、设备、材料淘汰制度；安全生产教育培训制度；设置安全作业环境和措施费用保障制度。

2. 需要编制专项施工方案的分部分项工程有：基坑支护与降水工程；土方开挖工程；模板工程；起重吊装工程；脚手架工程；拆除、爆破工程；国务院建设行政主管部门或者其他有关部门规定的其他危险性较大的工程。

第十二套模拟试卷

案例一

某工程监理合同签订后，监理单位负责人对该项目监理工作提出以下5点要求：①监理合同签订后的30天内应将项目监理机构的组织形式、人员构成及总监理工程师的任命书面通知建设单位；②监理规划的编制要依据：建设工程的相关法律、法规，项目审批文件、有关建设工程项目的标准、设计文件、技术资料，监理大纲、委托监理合同文件和施工组织设计；③监理规划中不需编制有关安全生产监理的内容，但需针对危险性较大的分部分项工程编制监理实施细则；④总监理工程师代表应在第一次工地会议上介绍监理规划的主要内容，如建设单位未提出意见，该监理规划经总监理工程师批准后可直接报送建设单位；⑤如建设单位设计方案有重大修改，施工组织设计、方案等发生变化，总监理工程师代表应及时主持修订监理规划的内容，并组织修订相应的监理实施细则。

总监理工程师提出了建立项目监理组织机构的步骤（见图12-1），并委托给总监理工程师代表以下工作：①确定项目监理机构人员岗位职责，主持编制监理规划；②签发工程款支付证书，调解建设单位与承包单位的合同争议。

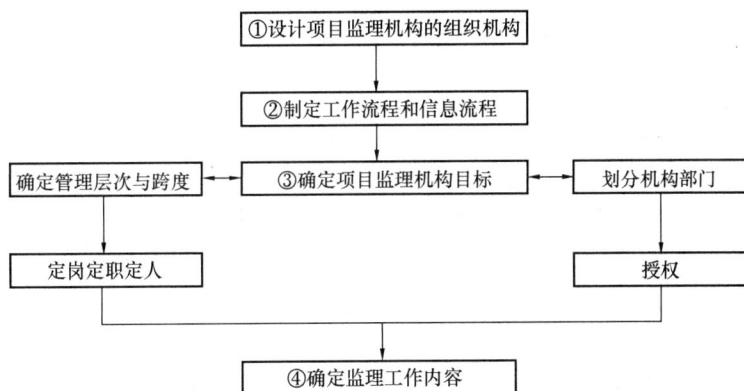

图 12-1　建立项目监理组织机构步骤框图

在编制的项目监理规划中，要求在监理过程中形成的部分文件档案资料如下：①监理实施细则；②监理通知单；③分包单位资质材料；④费用索赔报告及审批；⑤质量评估报告。

【问题】

1. 指出监理单位负责人所提要求中的不妥之处，写出正确作法。

2. 写出上图中①～④项工作的正确步骤。

3. 指出总监理工程师委托总监理工程师代表工作的不妥之处，写出正确作法。

4. 写出项目监理规划中所列监理文件档案资料在建设单位、监理单位保存的时限要求。

案例二

某工程项目业主分别与承包商、监理单位签订了工程施工合同、委托监理合同。工程施工合同总价为 2000 万元，工期为 1 年，合同中规定：

（1）业主应向承包商支付合同价 25％的预付备料款。

（2）预付备料款应从未施工工程尚需的主要材料及构配件的价值相当于预付备料款额时起扣，每月以抵充工程款的方式陆续扣回。主材费占总费用的比重可按 62.5％考虑。

（3）工程竣工验收时，工程结算款不应超过承包合同总价的 95％，经双方协商，业主从每月承包商的工程款中按 5％的比例扣保留金，待缺陷责任期满，一次性支付给承包商。

（4）由业主直供的材料和设备应在发生当月的工程款中扣回其费用。

（5）除设计变更和其他不可抗力因素外，合同总价不作调整。

经监理工程师签认的承包商在各月计划和实际完成的工作量以及业主直供的材料、设备的价值如表 12-1 所示。

各月计划和实际完成的工作量以及业主直供材料设备表　　　　表 12-1

月　　份	1～6	7	8	9	10	11	12
计划完成建安工作量/万元	1000	200	200	200	160	120	120
实际完成建安工作量/万元	1000	180	210	210	140	140	120
业主直供材料、设备的价值/万元	80	30	20	10	15	10	5

【问题】

1. 本工程所签订的工程合同为何种类型？请说明理由。

2. 工程价款的结算有哪几种方法？本工程采用的是何种方法？

3. 预付备料款是多少？预付备料款从什么时候开始扣？

4. 本工程的保留金为多少？在几月扣完？

5. 1～6 月份监理工程师应签证的工程价款是多少？实际签发的付款凭证金额是多少？

案例三

某实施监理的工程，建设单位将土建工程、安装工程分别发包给甲、乙两家施工单位。在合同履行过程中发生了如下事件。

事件 1：项目监理机构在审查土建工程施工组织设计时，认为脚手架工程危险性较大，要求甲施工单位编制脚手架工程专项施工方案。甲施工单位项目经理部编制了专项施工方案，凭以往经验进行了安全估算，认为方案可行，并安排质量检查员兼任施工现场安全员工作，遂将方案报送总监理工程师签认。

事件 2：开工前，专业监理工程师复核甲施工单位报验的测量成果时，发现对测量控制点的保护措施不当，造成建立的施工测量控制网失控，随即向甲施工单位发出了"监理工程师通知单"。

事件 3：专业监理工程师在检查甲施工单位投入的施工机械设备时，发现数量偏少，即向甲施工单位发出了"监理工程师通知单"要求整改；在巡视时发现乙施工单位安装的管道存在严重质量隐患，即向乙施工单位签发了"工程暂停令"，要求对该分部工程停工整改。

事件 4：甲施工单位施工时不慎将乙施工单位正在安装的一台设备损坏，甲施工单位向乙施工单位做出了赔偿。因修复损坏的设备导致工期延误，乙施工单位向项目监理机构提出延长工期申请。

【问题】

1. 指出事件 1 中脚手架工程专项施工方案编制和报审过程中的不妥之处，写出正确做法。

2. 事件 2 中专业监理工程师的做法是否妥当？"监理工程师通知单"中对甲施工单位的要求应包括哪些内容？

3. 指出事件 3 中专业监理工程师的做法是否妥当。对不妥之处说明理由并写出正确做法。

4. 事件 3 中乙施工单位整改完毕后项目监理机构应进行哪些工作？

5. 事件 4 中乙施工单位向项目监理机构提出工期延长申请是否正确？说明理由。

案例四

某工程，建设单位与施工单位按《建设工程施工合同（示范文本）》签订了合同，经总监理工程师批准的施工总进度计划如图 12-2 所示（时间单位：天），各项工作均按最早开始时间安排，且匀速施工。

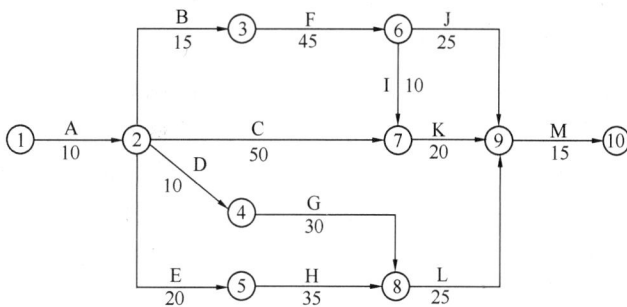

图 12-2 施工总进度计划

工程实施过程中发生以下事件。

事件 1：合同约定开工日期前 10 天，施工单位向项目监理机构递交了书面申请，请求将开工日期推迟 5 天。理由是：已安装的施工起重机械未通过有资质检验机构的安全验收，需要更换主要支撑部件。

事件 2：由于施工单位人员及材料组织不到位，工程开工后第 33 天上班时工作 F 才开始。为确保按合同工期竣工，施工单位决定调整施工总进度计划。经分析，各项未完成工作的赶工费率及可缩短时间见表12-2。

工作的赶工费率及可缩短时间　　　　　　　　　　　　表12-2

工作名称	C	F	G	H	I	J	K	L	M
赶工费率（万元/天）	0.7	1.2	2.2	0.5	1.5	1.8	1.0	1.0	2.0
可缩短时间（天）	8	6	3	5	2	5	10	6	1

事件3：施工总进度计划调整后，工作L按期开工。施工合同约定，工作L需安装的设备由建设单位采购，由于设备到货检验不合格，建设单位进行了退换。由此导致施工单位吊装机械台班费损失8万元，L工作拖延9天。施工单位向项目监理机构提出了费用补偿和工程延期申请。

【问题】

1. 事件1中，项目监理机构是否应批准工程推迟开工？说明理由。

2. 指出图12-2所示施工总进度计划的关键线路和总工期。

3. 事件2中，为使赶工费最少，施工单位应如何调整施工总进度计划（写出分析与调整过程）？赶工费总计多少万元？计划调整后工作L的总时差和自由时差为多少天？

4. 事件3中，项目监理机构是否应批准费用补偿和工程延期？分别说明理由。

案例五

某工程在实施过程中发生如下事件。

事件1：由于工程施工工期紧迫，建设单位在未领取施工许可证的情况下，要求项目监理机构签发施工单位报送的"工程开工报审表"。

事件2：在未向项目监理机构报告的情况下，施工单位按照投标书中打桩工程及防水工程的分包计划，安排了打桩工程施工分包单位进场施工，项目监理机构对此作了相应处理后书面报告了建设单位。建设单位以打桩工程施工分包单位资质未经其认可就进场施工为由，不再允许施工单位将防水工程分包。

事件3：桩基工程施工中，在抽检材料试验未完成的情况下，施工单位已将该批材料用于工程，专业监理工程师发现后予以制止。其后完成的材料试验结果表明，该批材料不合格，经检验，使用该批材料的相应工程部位存在质量问题，需进行返修。

事件4：施工中，由建设单位负责采购的设备在没有通知施工单位共同清点的情况下就存放在施工现场。施工单位安装时发现该设备的部分部件损坏，对此，建设单位要求施工单位承担损坏赔偿责任。

事件5：上述设备安装完毕后进行的单机无负荷试车未通过验收，经检验认定是由设备本身的质量问题造成的。

【问题】

1. 指出事件1和事件2中建设单位做法的不妥之处，说明理由。

2. 针对事件2，项目监理机构应如何处理打桩工程施工分包单位进场存在的问题？

3. 对事件3中的质量问题，项目监理机构应如何处理？

4. 指出事件4中建设单位做法的不妥之处，并说明理由。

5. 事件5中，单机无负荷试车由谁组织？其费用是否包含在合同价中？因试车验收未通过所增加的各项费用由谁承担？

案例六

某工程，建设单位委托监理单位承担施工阶段的监理任务，总承包单位按照施工合同约定选择了设备安装分包单位。在合同履行过程中发生如下事件：

事件1：工程开工前，总承包单位在编制施工组织设计时认为修改部分施工图设计可以使施工更方便、质量和安全更易保证，遂向项目监理机构提出了设计变更的要求。

事件2：专业监理工程师检查主体结构施工时，发现总承包单位在未向项目监理机构报审危险性较大的预制构件起重吊装专项方案的情况下已自行施工，且现场没有管理人员。于是，总监理工程师下达了《监理工程师通知单》。

事件3：专业监理工程师在现场巡视时，发现设备安装分包单位违章作业，有可能导致发生重大质量事故。总监理工程师口头要求总承包单位暂停分包单位施工，但总承包单位未予执行。总监理工程师随即向总承包单位下达了《工程暂停令》，总承包单位在向设备安装分包单位转发《工程暂停令》前，发生了设备安装质量事故。

【问题】

1. 针对事件1中总承包单位提出的设计变更要求，写出项目监理机构的处理程序。

2. 根据《建设工程安全生产管理条例》规定，事件2中起重吊装专项方案需经哪些人签字后方可实施？

3. 指出事件2中总监理工程师的做法是否妥当？说明理由。

4. 事件3中总监理工程师是否可以口头要求暂停施工？为什么？

5. 就事件3中所发生的质量事故，指出建设单位、监理单位、总承包单位和设备安装分包单位各自应承担的责任，说明理由。

第十二套模拟试卷参考答案、考点分析

案例一

1. 监理单位负责人所提要求中的不妥之处以及正确做法：

（1）不妥之处：监理合同签订后 30 天内应将项目监理机构的组织形式、人员构成及总监理工程师的任命书面通知建设单位。

正确做法：应该是在合同签订后 10 天内书面通知建设单位。

（2）不妥之处：监理计划的编制依据包括施工组织设计。

正确做法：施工组织设计是编制监理实施细则的依据之一，而不是监理规划的编制依据。监理规划的编制依据除背景资料中的内容外，还包括与建设工程项目相关的合同文件。

（3）不妥之处：监理规划中不需编制有关安全生产监理的内容。

正确做法：应编制含有安全监理内容的监理规划和监理实施细则。

（4）不妥之处：总监理工程师代表在第一次会议上介绍监理规划的内容。

正确做法：应由总监理工程师在第一次工地会议上介绍监理规划的内容。

（5）不妥之处：监理规划经总监理工程师批准后可直接报送建设单位。

正确做法：监理规划完成后必须经监理单位技术负责人审核批准，并应在召开第一次工地会议前报送建设单位。

（6）不妥之处：总监理工程师代表应及时主持修订监理规划的内容。

正确做法：修订监理规划应由总监理工程师主持。

2. 图中①～④项工作的正确步骤为：③→④→①→②。

3. 总监理工程师委托总监理工程师代表工作的不妥之处以及正确做法：

（1）不妥之处：主持编制监理规划

正确做法：应由总监理工程师主持编制。

（2）不妥之处：签发工程款支付证书

正确做法：应由总工程师签发。

（3）不妥之处：调解建设单位与承包单位的合同争议。

正确做法：应由总监理工程师调解。

4. 项目监理规划所列监理文件档案资料在建设单位、监理单位保存的时限要求：

（1）监理实施细则在建设单位长期保存、在监理单位短期保存。

（2）监理通知单在建设单位长期保存、在监理单位长期保存。

（3）分包单位资质材料在建设单位长期保存。

（4）费用索赔报告及审批在建设单位长期保存、在监理单位长期保存。

（5）质量评估报告在建设单位长期保存、在监理单位长期保存。

案例二

1. 本工程所签订的工程合同为固定总价合同。理由：因为本工程工期为 1 年，工程技术不复杂，工程量不大，施工图经过审批就能准确计算，风险也不大，可以准确计算工

程价格。

2. 工程价款的结算方式主要有两种：按月结算与支付和分段结算与支付。

本工程采用的是按月结算与支付方式。

3. 预付备料款金额为：$2000 \times 25\% = 500$（万元）；

预付备料款起扣点为：$T = P - M/N = 2000 - 500 \div 62.5\% = 2000 - 800 = 1200$（万元）。式中，$T$ 表示预付备料款起扣金额；P 表示工程施工合同总价；M 表示预付备料款金额；N 表示主材费占总费用的比重。

本项目中 8 月份累计实际完成的建安工作量为：$1000 + 180 + 210 = 1390$（万元）> 1200 万元；故开始扣预付备料款的时间为 8 月份。

4. 保留金 $= 2000 \times 5\% = 100$（万元）。

1～6 月份扣保留金 $= 1000 \times 5\% = 50$（万元）；

7 月份扣保留金 $= 180 \times 5\% = 9$（万元）；

8 月份扣保留金 $= 210 \times 5\% = 10.5$（万元）；

9 月份扣保留金 $= 210 \times 5\% = 10.5$（万元）；

10 月份扣保留金 $= 140 \times 5\% = 7$（万元）；

11 月份扣保留金 $= 140 \times 5\% = 7$（万元）；

12 月份扣保留金 $= 100 - 50 - 9 - 10.5 - 10.5 - 7 - 7 = 6$（万元）。

因此，保留金在 12 月份扣完。

5. 1～6 月份监理工程师应签证的工程款及实际签发的付款凭证金额为：

1～6 月份应签证的工程款为 $1000 \times (1 - 5\%) = 950$（万元）；

1～6 月份实际签发的付款凭证金额为 $950 - 80 = 870$（万元）。

案例三

1. 事件 1 中脚手架工程专项施工方案编制和报审过程中的不妥之处及正确做法如下。

（1）不妥之处：凭以往经验进行安全估算。

正确做法：应进行安全验算。

（2）不妥之处：质量检查员兼任施工现场安全员工作。

正确做法：应配备专职安全生产管理人员。

（3）不妥之处：遂将专项施工方案报送总监理工程师签认。

正确做法：专项施工方案应先经甲施工单位技术负责人签认。

2. （1）事件 2 中专业监理工程师的做法妥当。

（2）"监理工程师通知单"中对甲施工单位的要求主要包括以下内容：

①重新建立施工测量控制网。

②改进保护措施。

3. （1）事件 3 中专业监理工程师做法是否妥当的判断如下：

发出"监理工程师通知单"妥当；

签发"工程暂停令"不妥。

（2）不妥之处的理由及正确做法如下。

理由：专业监理工程师无权签发"工程暂停令"（或只有总监理工程师才有权签发"工程暂停令"）。

正确做法：专业监理工程师向总监理工程师报告，总监理工程师在征得建设单位同意后发出"工程暂停令"。

4. 项目监理机构应重新进行复查验收，符合规定要求，并征得建设单位同意后，总监理工程师应及时签署"工程复工报审表"；不符合规定要求，责令乙施工单位继续整改。

5. 事件4中乙施工单位向项目监理机构提出工期延长申请是正确的。

理由：（1）乙施工单位与建设单位有合同关系。

（2）甲施工单位与建设单位有合同关系，建设单位应承担连带责任。

案例四

1. 总监理工程师应批准事件1中施工单位提出的延期开工申请。理由：根据《建设工程施工合同（规范文本）》的规定，如果承包人不能按时开工，应在不迟于协议约定的开工日期前7天以书面形式向监理工程师提出延期开工的理由和要求，本案例是在开工日前10天提出。甲施工单位在合同规定的有效期内提出了申请，施工单位施工机械不能进场。施工单位不具备施工条件。总监理工程师应批准施工单位提出的延期5天开工申请。但由于是施工单位自身责任，相应工期不予顺延。

2. 关键线路：①→②→③→⑥→⑦→⑨→⑩（或 A→B→F→I→K→M）；总工期115天。

3. 施工单位施工总进度计划的基础上，各缩短工作 K 和工作 F 的工作时间5天和2天，这样才能既实现建设单位的要求又能使赶工费用最少。理由：工作 K 赶工费率最低，首先压缩它，它可以压缩10天，那么直接压缩7天，结果改变了关键线路，关键线路变成了 A→B→F→J→M，即将关键工作 I、K 变成了非关键工作，故此方案行不通；改压缩 K 工作6天，F 工作1天（因为 F 的赶工费率第二小），结果关键线路仍为 A→B→F→J→M，故此方案行不通；改压缩 K 工作5天，F 工作2天，此时有两条关键线路包括原来的初始关键线路，所以此时满足条件，计算总工期刚好为115天，即达到目的。

最小赶工费为：5×1.0+2×1.2＝7.4（万元）。

调整后 L 工作经计算可得总时差和自由时差均为10天。

4. 费用补偿批准，因为是建设单位采购的材料出现质量检测不合格导致，故监理单位应批准承包商因此发生的费用损失。

工期不予顺延 L 工作拖延的工期9天未超过其总时差10天。故不应补偿工期。

案例五

1. 事件1和事件2中建设单位做法的不妥之处及理由如下。

（1）事件1中，建设单位做法的不妥之处：建设单位未领取施工许可证就要求签发"工程开工报审表"。

理由：依据有关法规和规范，必须在办理好施工许可证的条件下才能要求签发"工程开工报审表"。

（2）事件2中，建设单位做法的不妥之处及理由如下。

①建设单位认为需经其认可分包单位资质不妥。

理由：分包单位的资质应由项目监理机构审查签认。

②提出不再允许施工单位将防水工程分包的要求不妥。

理由：违反施工合同约定。

2. 针对事件 2，项目监理机构处理打桩工程施工分包单位进场存在的问题的程序如下：

（1）下达"工程暂停令"。

（2）对分包单位资质进行审查。

（3）如果分包单位资质合格，签发"工程复工令"。

（4）如果分包单位资质不合格，要求施工单位撤换分包单位。

3. 对事件 3 中的质量问题，项目监理机构的处理如下：

（1）签发"监理工程师通知单"。

（2）责成施工单位进行质量问题调查。

（3）审核、分析质量问题调查报告，判断和确认质量问题产生的原因。

（4）审核签认质量问题技术处理方案。

（5）指令施工单位按既定的处理方案实施处理并进行跟踪检查。

（6）组织有关人员对处理的结果进行严格的检查、鉴定和验收，写出质量处理报告，报建设单位和监理单位存档。

4. 事件 4 中建设单位做法的不妥之处及理由如下。

（1）由建设单位采购的设备没有通知施工单位共同清点就存放在施工现场不妥。

理由：建设单位应以书面形式通知施工单位派人与其共同清点移交。

（2）建设单位要求施工单位承担设备部分部件损坏的责任不妥。

理由：建设单位未通知施工单位清点，施工单位不负责设备的保管，设备丢失、损坏由建设单位负责。

5. 事件 5 中，单机无负荷试车由施工单位组织。

其费用已包含在合同价中。

因试车验收未通过所增加的各项费用由建设单位承担。

案例六

1. 针对事件 1 中总承包单位提出的设计变更要求，项目监理机构的处理程序为：

（1）承包单位应就要求变更的问题填写《工程变更单》送交项目监理机构。

（2）总监理工程师组织专业监理工程师审查施工单位提出的变更要求，若同意则按下列程序进行：

①项目监理机构将审查意见及施工单位要求变更的内容提交建设单位；

②建设单位再将变更意图通知设计单位，设计单位经过研究、计算后，作出变更设计文件；

③监理机构取得变更文件后，对变更的费用和工期进行评估；

④总监理工程师应就变更引起的工期改变及费用的增减评估情况分别与建设单位和承包单位进行协商；

⑤总监理工程师签发《工程变更单》。

（3）若监理机构审查施工单位提出的变更要求，若不同意，应要求施工单位按原设计施工。

2. 根据《建设工程安全生产管理条例》规定，事件 2 中起重吊装专项方案需经总承包单位负责人、总监理工程师签字后方可实施。

3. 事件 2 中总监理工程师的做法不妥。

理由：承包单位起重吊装专项方案没有报审，现场没有专职安全生产管理人员，依据《建设工程安全生产管理条例》，总监理工程师应下达《工程暂停令》，并及时报告建设单位。

4. 事件 3 中总监理工程师可以口头要求暂停施工。

理由：紧急情况下，总监理工程师可以口头下达暂停施工指令，但在规定的时间内应书面确认。

5. 事件 3 中所发生的质量事故，建设单位、监理单位、总承包单位和设备安装分包单位各自应承担的责任如下：

（1）建设单位。建设单位没有责任。

理由：本次质量事故是由于分包单位违章作业造成的，与建设单位无关。

（2）监理单位。监理单位没有责任。

理由：本次质量事故是由于分包单位违章作业造成的，且监理单位已经口头要求暂停施工，可以说监理单位已按规定履行了职责。

（3）总承包单位。总承包单位应承担连带责任。

理由：根据建设工程施工合同管理中对于工程分包的有关规定，工程分包不能解除承包人对发包人应承担在该工程部位施工的合同义务。此外，总承包单位有义务对分包单位的施工进行监督管理。本次质量事故也是由于总承包单位没有对分包单位实施有效的监督管理造成的，因此总承包单位应承担连带责任。

（4）分包单位。分包单位应承担主要责任。

理由：本次质量事故是由于分包单位违章作业直接造成的，因此其应承担主要责任。

第十三套模拟试卷

案例一

北京某建设工程监理公司承接了某建设工程项目的监理任务。为了在建设工程实施过程中有效地进行目标控制，监理单位对项目总目标进行了分解。当工程进行到一定阶段后，监理单位将建设工程目标分解到分部工程和分项工程的层次。

【问题】

1. 监理单位分解该建设工程项目目标时应当遵循哪些原则？

2. 建设工程目标是否要分解到分部工程和分项工程取决于哪些因素？

案例二

某污水治理建安工程采用施工总承包模式。根据合同约定，施工所需的钢材等主要材料由业主采购供应；人工费标准为70元/工日，发生人工窝工补偿标准为50元/工日，间接费、利润等均不予补偿。业主委托了监理单位对工程实施监理。总承包单位经监理单位同意，将场外排污工程分包给A分包商，将设备安装工程分包给B分包商。

施工过程中发生了下列事件。

事件1：场外排污管基槽开挖后，A分包商发现槽底局部有软弱层。根据监理工程师指示，A分包商配合地质复查，用工10个工日；地质复查后，A分包商根据批准的处理方案进行地基处理，增加工程费用4万元。因地基复查和处理，使该分包工程施工期延长3天，人工窝工15个工日。为此，A分包商向业主提交了工期延期与费用索赔报告。

事件2：业主采购的钢筋在监理工程师见证下进行了取样送检，经有资质的检测单位检测，钢筋力学性能合格，监理工程师同意进场使用，但在使用中发现，钢筋焊接质量不合格。经进一步对钢筋进行检验，最终确认该批钢筋焊接性能不符合要求。

事件3：在主体结构施工中，因设计图纸出错导致部分已施工的结构返工，返工的费用2万元，施工工期延长5天，人工窝工10个工日。

事件4：由于B分包商采购的设备辅件不合格，导致设备试车不合格，需要重新采购并安装试车。

【问题】

1. 事件1中，A分包商向业主提交索赔报告是否妥当？说明理由。

2. 事件2中，总承包单位和监理单位是否应对事件承担责任？说明理由。该事件对应的质量问题应如何处理？

3. 事件1和事件3中，业主应给予承包商的合理补偿费用各为多少？说明理由。

4. 事件4中，重新采购并安装试车造成的工期与费用损失应由谁承担？说明理由。

案例三

某工程，施工合同中约定，工期 19 周，钢筋混凝土基础工程量增加超出 15％时，结算时对超出部分按原价的 90％调整单价。经总监理工程师批准的施工总进度计划如图 13-1 所示，其中 A、C 工作为钢筋混凝土基础工程，B、G 工作为片石混凝土基础工程，D、E、F、H、I 工作为设备安装工程，K、L、J、N 工作为设备调试工作。

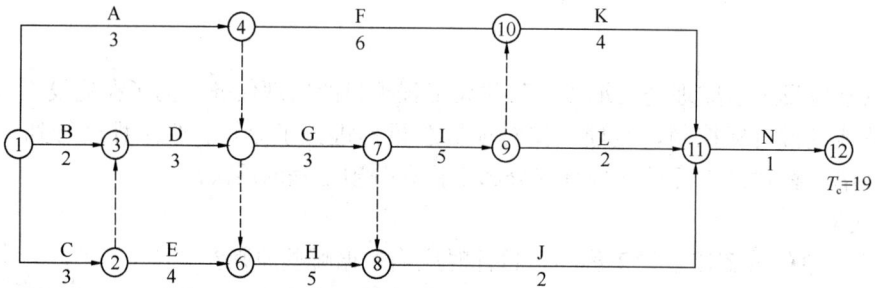

图 13-1　施工总进度计划（单位：周）

施工过程中，发生如下事件。

事件 1：合同约定 A、C 工作的综合单价为 700 元/m^3。在 A、C 工作开始前，设计单位修改了设备基础尺寸，A 工作的工程量由原来的 $4200m^3$ 增加到 $7000m^3$，C 工作工程量由原来的 $3600m^3$ 减到 $2400m^3$。

事件 2：A、D 工作完成后，建设单位拟将后续工程的总工期缩短 2 周，要求项目监理机构帮助拟定一个合理的赶工方案，以便与施工单位洽商，项目监理机构提出的后续工作可以缩短的时间及其赶工费率如表 13-1 所示。

后续工作可缩短的时间与赶工费率　　　　　表 13-1

工作名称	F	G	H	I	J	K	L	N
可缩短的时间/周	2	1	0	1	2	2	1	0
赶工费率/（万元/周）	0.5	0.4	—	3.0	2.0	1.0	1.5	—

事件 3：调试工作结果如表 13-2 所示。

调试工作结果　　　　　表 13-2

工作	设备采购者	结果	原因	未通过增加的费用/万元
K	建设单位	未通过	设备制造缺陷	3
L	建设单位	未通过	安装质量缺陷	1
J	施工单位	通过	—	
N	建设单位	未通过	设计	2

【问题】

1. 事件 1 中，设计修改后，在单位时间完成工程量不变的前提下，A、C 工作的持续时间分别为多少周？对合同总工期是否有影响，为什么？A、C 工作的费用共增加了多少？

2. 事件 2 中，项目监理机构如何调整计划才能既实现建设单位的要求又能使赶工费用最少？说明理由。增加的赶工费用最少是多少？

3. 对表 13-2 中未通过的调试工作，根据施工合同进行责任界定，并确定应补偿施工单位的费用。

案例四

某实施监理的工程，建设单位与施工单位按照《建设工程施工合同（示范文本）》签订了施工合同，合同约定以下内容：

合同工期为 130 天；因施工单位原因造成工期延误的，违约赔偿金为 5000 元/天。

按《建筑安装工程费用项目组成》（建标〔2003〕206 号）规定，以直接费为计算基础的工料单价法进行计价，间接费率为 15%，利润率为 5%，综合计税系数为 3.41%。

部分工料机单价如下：人工费 60 元/工日，窝工补偿 30 元/工日；挖掘机租赁费 900元/天；自有塔吊设备使用费 1200 元/台班，闲置补偿 800 元/台班。

工程实施过程中发生以下事件。

事件 1：开工前，施工单位编制的时标网络计划如图 13-2 所示（时间单位：天。箭线下方数字为工作的计划消耗工日），各项工作均匀速进展。

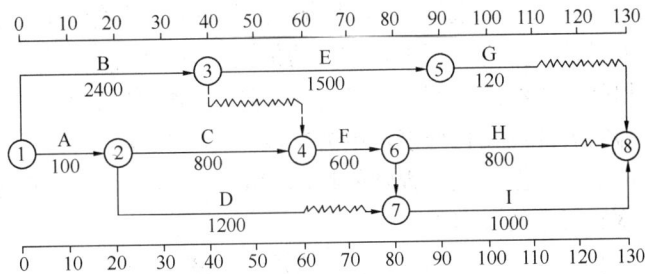

图 13-2　时标网络计划

项目监理机构审核施工单位提交的时标网络计划时发现：工作 C、F 和 I 需使用一台挖掘机，工作 E 和 H 需单独使用塔吊设备，而施工单位仅有一台塔吊设备，于是向施工单位提出调整工作进度安排的建议。

事件 2：项目监理机构对施工单位调整后的计划安排进行风险分析，认为因施工单位原因使工作 C 持续时间延长 5 天的概率是 15%，使工作 D 持续时间延长 12 天的概率是20%，使工作 G 持续时间延长 10 天的概率是 5%。工作持续时间的延长会导致机械闲置和人员窝工。

事件 3：建设单位要求对工作 E 进行设计变更，使工作 E 的持续时间延长 5 天，增加用工 150 工日、塔吊设备 5 台班、材料费 18000 元、相应的措施费 7000 元。施工单位向项目监理机构提出变更工程价款和延长工期的要求。

事件 4：由于工作 E 的设计变更，使工作 G、H 进场的施工人员不能按期施工，施工单位向项目监理机构提出相应的窝工补偿要求。

【问题】

1. 事件 1 中，应如何调整工作进度安排？调整后的总工期是多少？

2. 事件2中，直接导致总工期延误5天的风险事件有哪些？说明理由。仅考虑直接导致总工期延误的风险事件，施工单位的风险量（以费用形式表示）是多少？

3. 事件3中，项目监理机构应批准的变更价款和工期补偿分别是多少？说明理由。

4. 事件4中，项目监理机构应批准的窝工补偿是多少？说明理由。

案例五

建设单位（甲方）与某施工单位（乙方）签订了工程施工合同，并将该工程委托给某监理单位进行施工阶段监理。由于该工程的特殊性，工程量事先无法准确确定，但工程性质清楚。按照施工合同文件的规定，乙方必须严格按照施工图及合同文件规定的内容及技术要求施工，工程量由监理工程师负责计量。

根据该工程的合同特点，监理工程师提出了工程计量程序要点如下：

（1）乙方对已完成的分项工程在5天内向监理工程师提交已完工程量报告。

（2）监理工程师接到报告后14天内按设计图纸核实已完工程量，并在计量前48小时内通知乙方，乙方为计量提供便利条件并派人参加。

（3）若乙方得到通知后不参加计量，监理工程师自行计量结果有效，作为工程价款支付的依据。

（4）若监理工程师收到乙方报告后14天内未进行计量，从第15天起，乙方报告中提出的工程量即视为被确认，作为工程价款支付的依据。

（5）若监理工程师不按约定时间通知乙方，使乙方不能参加计量的，计量结果无效。

（6）监理工程师签署计量支付证书，甲方据以支付工程款。

在施工过程中，乙方根据监理工程师的指示就部分工程进行了变更施工。监理工程师提出了工程变更价款的程序的要点如下：

（1）变更发生后的14天内，乙方应提出变更价款报告，经监理工程师确认后相应调整合同价款。

（2）若变更发生后14天内，乙方不提出变更价款报告，则视为该变更不涉及合同价款变更。

（3）监理工程师自收到变更价款报告之日起21天内，对乙方的要求予以确认；若无正当理由不确认或答复时，自乙方的报告送达之日起21天后，视为变更价款报告已被确认。

（4）监理工程师确认增加的工程变更价款作为追加合同价款，与工程进度款不同期支付。

【问题】

1. 该工程适合采用什么类型的合同计价方式？说明理由。

2. 试指出监理工程师提出的工程计量程序的不妥之处，并说明正确做法。

3. 试指出监理工程师提出的工程变更价款程序的不妥之处，并说明正确做法。

4. 我国《建设工程施工合同（示范文本）》对工程变更所引起的合同价款调整是如何规定的？

案例六

某实施监理的工程项目，监理工程师对施工单位报送的施工组织设计审核时发现两个问题：一是施工单位为方便施工，将设备管道竖井的位置作了移位处理；二是工程的有关试验主要安排在施工单位试验室进行。总监理工程师分析后认为，管道竖井移位方案不会影响工程使用功能和结构安全，因此，签认了该施工组织设计报审表并送达建设单位，同时指示专业监理工程师对施工单位试验室资质等级及其试验范围等进行考核。

项目监理过程中有如下事件。

事件1：在建设单位主持召开的第一次工地会议上，建设单位介绍工程开工准备工作基本完成，施工许可证正在办理，要求会后就组织开工。总监理工程师认为施工许可证未办理好之前，不宜开工。对此，建设单位代表很不满意，会后建设单位起草了会议纪要，纪要中明确边施工边办理施工许可证。并将此会议纪要送发监理单位、施工单位，要求遵照执行。

事件2：设备安装施工，要求安装人员有安装资格证书。专业监理工程师检查时发现施工单位安装人员与资格报审名单中的人员不完全相符，其中5名安装人员无安装资格证书，他们已参加并完成了该工程的一项设备安装工作。

事件3：设备调试时，总监理工程师发现施工单位未按技术规程要求进行调试，存在较大的质量和安全隐患，立即签发了"工程暂停令"，并要求施工单位整改。施工单位用了2天时间整改后被指令复工。对此次停工，施工单位向总监理工程师提交了费用索赔和工程延期的申请，强调设备调试为关键工作，停工2天导致窝工，建设单位应给予工期顺延和费用补偿，理由是虽然施工单位未按技术规程调试，但并未出现质量和安全事故，停工2天是监理单位要求的。

【问题】

1. 总监理工程师应如何组织审批施工组织设计？总监理工程师对施工单位报送的施工组织设计内容的审批处理是否妥当？说明理由。

2. 专业监理工程师对施工单位试验室除考核资质等级及其试验范围外，还应考核哪些内容？

3. 事件1中建设单位在第一次工地会议的做法有哪些不妥？写出正确的做法。

4. 监理单位应如何处理事件2？

5. 在事件3中，总监理工程师的做法是否妥当？施工单位的费用索赔和工程延期要求是否应给予批准？说明理由。

第十三套模拟试卷参考答案、考点分析

案例一

1. 监理单位分解该建设工程项目目标时应当遵循的原则有：

(1) 能分能合；

(2) 按照工程部位分解，而不按照工种分解；

(3) 区别对待，有粗有细；

(4) 有可靠的数据来源；

(5) 目标分解结构与组织分解结构相对应。

2. 建设工程目标是否要分解到分部工程和分项工程取决于：①工程进度所处的阶段；②资料的详细程度；③设计所达到的深度；④目标控制工作的需要。

案例二

1. A 分包商向业主提交索赔报告不妥。

理由：虽然属于不可预见的地质条件变化造成的工期延长、费用增加，是可以提出索赔的，但应该向总承包商提交索赔报告。

2. 总承包单位和监理单位不对事件承担责任。

理由：取样送检就是在监理单位的监督下，送由有资质的检测单位进行检测，检测单位已证明钢筋力学性能合格。在使用时检测有质量问题应由业主承担责任。

3. 事件 1 和事件 3 中，业主应给予的合理补偿费用如下：

(1) 事件 1 给予的补偿费用为 41450 元。

理由：补偿费用＝工日×人工费标准＋窝工工日×窝工补偿标准＋增加工程费用＝10×70＋15×50＋40000＝41450(元)。

(2) 事件 3 给予的补偿费用为 20500 元。

理由：补偿费用＝返工费用十窝工工日×窝工补偿标准＝20000＋10×50＝20500(元)。

4. 事件 4 中，重新采购并安装试车造成的工期与费用损失应由 B 分包商承担。

理由：由 B 分包商采购的设备辅件不合格才导致设备试车不合格。

案例三

1. 事件 1 中，设计修改后，在单位时间完成工程量不变的前提下，A 工作的持续时间为(3/4200)×7000＝5(周)，C 工作的持续时间为(3/3600)×2400＝2(周)。

对合同总工期有影响。因为该施工总进度计划的关键线路是①→②→③→⑤→⑦→⑨→⑩→⑪→⑫，C 工作为关键工作，其持续时间由 3 周变为 2 周，一定会改变总工期的。

A、C 工作共增加的工程量＝(7000＋2400)－(4200＋3600)＝1600(m³)，由于 1600/7800＝21%＞15%，所以要进行调价。不进行调价的工程量为(4200＋3600)×(1＋15%)＝8970(m³)，进行调价的工程量为 7000＋2400－8970＝430(m³)。

A、C 工作实际发生的费用＝8970×700＋430×700×90%＝654.99(万元)。

A、C 工作原计划的费用＝(4200＋3600)×700＝546(万元)。

A、C 工作共增加的费用＝654.99－546＝108.99（万元）。

2.（1）事件 2 中，项目监理机构在原施工总进度计划的基础上，各缩短工作 G 和工作 K 的工作时间 1 周，这样才能既实现建设单位的要求又能使赶工费用最少。

理由：由于 A、D 工作完成后，施工总进度计划的关键线路只有工作 G、I、K 和 N，工作 N 不存在可缩短的时间，故应不考虑压缩；工作 G、I、K 的赶工费率从小到大依次是 G（0.4 万元）、K（1.0 万元）、I（3.0 万元），那么首先压缩工作 G 的时间 1 周（可缩短的时间只有 1 周），压缩工作 G 产生的赶工费为 0.4 万元，再压缩工作 K 的时间 1 周，压缩工作 K 产生的赶工费为 1.0 万元。

（2）增加的赶工费用最少是 0.4＋1.0＝1.4（万元）。

3. 对表 5-2 中未通过的调试工作，逐项根据施工合同进行责任界定：

（1）工作 K 调试未通过的责任由建设单位承担。

（2）工作 L 调试未通过的责任由施工单位承担。

（3）工作 N 调试未通过的责任由建设单位承担。

应补偿施工单位的费用＝3＋2＝5（万元）。

案例四

1. 对施工单位编制的时标网络计划进行调整，调整结果如图 13-3 所示：

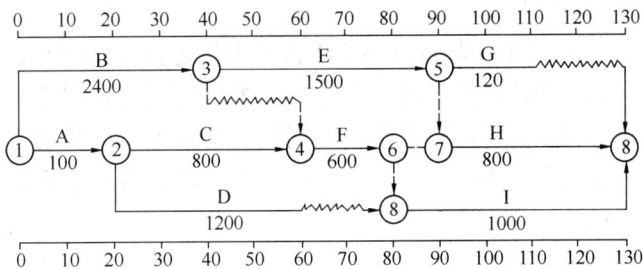

图 13-3　时标网络计划

调整后的总工期是 130 天。

2. 直接导致总工期延误 5 天的风险事件有：工作 C 的持续时间延长。理由：工作 C 为关键工作，其持续时间延长 5 天会直接导致总工期延长 5 天；工作 D 的总时差为 20 天，其持续时间延长 12 天，不会影响总工期；工作 G 的总时差为 20 天，其持续时间延长 10 天，不会影响总工期。

以费用形式表示的施工单位的风险量：（5×5000＋5×900＋5×800/40×30）×15％＝4875（元）。

3. 项目监理机构应批准的变更价款为 49947.03 元。

应补偿的变更价款为：（150×60＋5×1200＋18000＋7000）×（1＋15％）×（1＋5％）×（1＋3.41％）＝49947.03（元）。

项目监理机构应给予 5 天的工期补偿。理由：调整网络计划后，工作 E 为关键工作，延长时间会影响总工期，即应给予补偿。

4. 项目监理机构应批准的窝工补偿费为 7900 元。

理由：（1）工作 G 的窝工补偿费：30×5×120/20＝900（元）。

（2）工作 H 的窝工补偿费：$30 \times 5 \times 800/40 + 800 \times 5 = 7000$（元）。

项目监理机构应批准的窝工补偿费合计：$900 + 7000 = 7900$（元）。

案例五

1. 该工程宜采用固定单价合同。理由：固定单价合同属于固定价格合同，在约定的风险范围内价款不再调整，这种合同的价款并不是绝对不可调整，而是约定范围内的风险由承包人承担。因为本案例中工程项目性质清楚，但工程量事先无法准确确定，故适合采用固定单价合同。

2. 不妥之处（1）：乙方对已完成的分项工程在 5 天内向监理工程师提交已完工程量报告。正确做法：乙方应按专用条款约定的时间，向工程师提交本阶段已完工程量的报告。

不妥之处（2）：监理工程师接到报告后 14 天内按设计图纸核实已完工程量，并在计量前 48 小时内通知乙方。正确做法：监理工程师接到报告后 7 天内按设计图纸核实已完工程量，并在计量前 24 小时内通知乙方。

不妥之处（3）：若监理工程师收到乙方报告后 14 天内未进行计量，从第 15 天起，乙方报告中提出的工程量即视为被确认，作为工程价款支付的依据。正确做法：若监理工程师收到乙方报告后 7 天内未进行计量，从第 8 天起，乙方报告中提出的工程量即视为被确认，作为工程价款支付的依据。

3. 不妥之处（1）：监理工程师自收到变更价款报告之日起 21 天内，对乙方的要求予以确认，若无正当理由不确认或答复时，自乙方的报告送达之日起 21 天后，视为变更价款报告已被确认。正确做法：监理工程师自收到变更价款报告之日起 14 天内，对乙方的要求予以确认，若无正当理由不确认或答复时，自乙方的报告送达之日起 14 天后，视为变更价款报告已被确认。

不妥之处（2）：监理工程师确认增加的工程变更价款作为追加合同价款，与工程进度款不同期支付。正确做法：监理工程师确认增加的工程变更价款作为追加合同价款，与工程进度款同期支付。

4. 我国《建设工程施工合同（示范文本）》规定，承包人在工程变更确定后 14 天内，提出变更工程价款的报告，经工程师确认后调整合同价款。变更合同价款按下列方法进行：

（1）合同中已有适用于变更工程的价格，按合同已有的价格变更合同价款；

（2）合同中只有类似于变更工程的价格，可以参照类似的价格变更合同价款；

（3）合同中没有适用或类似于变更工程的价格，由承包人提出适当的变更价格，经工程师确认后执行。

案例六

1.（1）总监理工程师组织审批施工组织设计的程序：总监理工程师应在约定的时间内，组织专业监理工程师审查，提出意见后，由总监理工程师审核签认；需要承包单位修改时，由总监理工程师签发书面意见，退回承包单位修改后再报审，总监理工程师重新审查。

（2）总监理工程师对施工单位报送的施工组织设计内容的审批处理中，第一个问题的处理不妥，因总监理工程师无权改变设计。第二个问题的处理妥当，属于施工组织设计审查应处理的问题。

2. 专业监理工程师对施工单位试验室除考核资质等级及其试验范围外，还应考核的内容有：

（1）试验设备、检测仪器能否满足工作质量检查要求，是否处于良好的可用状态。

（2）精度是否符合需要。

（3）法定计量部门标定资料、合格证、率定表是否在标定的有效期限。

（4）试验室管理制度是否齐全、符合实际。

（5）试验、检测人员的上岗资质。

3. 第一次工地会议做法中的不妥之处及正确做法如下。

（1）不妥之处：开工准备工作基本完成，施工许可证正在办理，要求会后就组织开工。

正确做法：开工准备工作基本完成，施工许可证办理完毕后，才可以开工。

（2）不妥之处：会后建设单位起草了会议纪要。

正确做法：会议纪要由项目监理机构负责起草。

（3）不妥之处：将会议纪要送发监理单位、施工单位。

正确做法：会议纪要经与会各方代表会签，然后分发给各有关单位。

4. 监理单位对事件 2 的处理：监理工程师下达停工令，并责令施工企业将 5 名无安装资格证书的安装人员撤出施工现场，并对已完成的设备安装工程进行检验，责令施工企业进行整改。

5.（1）事件 3 中总监理工程师的做法妥当。

（2）施工单位的费用索赔和工程延期要求不应给予批准。

理由：该质量和安全隐患是由施工单位未按技术规程的要求进行调试造成的，虽然是关键工作，但也不应该批准工期顺延，费用由施工单位承担。

第十四套模拟试卷

案例一

某工程，实施过程中发生如下事件。

事件1：总监理工程师对项目监理机构的部分工作做出如下安排：（1）总监理工程师代表负责审核监理实施细则，进行监理人员的绩效考核，调换不称职监理人员；（2）专业监理工程师全权处理合同争议和工程索赔。

事件2：施工单位向项目监理机构提交了分包单位资格报审材料，包括：营业执照、特殊行业施工许可证、分包单位业绩及拟分包工程的内容和范围。项目监理机构审核时发现，分包单位资格报审材料不全，要求施工单位补充提交相应材料。

事件3：深基坑分项工程施工前，施工单位项目经理审查该分项工程的专项施工方案后，即向项目监理机构报送，在项目监理机构审批该方案过程中就组织队伍进场施工，并安排质量员兼任安全生产管理员对现场施工安全进行监督。

事件4：项目监理机构在整理归档监理文件资料时，总监理工程师要求将需要归档的监理文件直接移交本监理单位和城建档案管理机构保存。

【问题】

1. 事件1中，总监理工程师对工作安排有哪些不妥之处？分别写出正确做法。

2. 事件2中，施工单位还应补充提交哪些材料？

3. 事件3中，施工单位项目经理的做法有哪些不妥之处？分别写出正确做法。

4. 事件4中，指出总监理工程师对监理文件归档要求的不妥之处，写出正确做法。

案例二

某实施监理的工程，合同工期15个月，总监理工程师批准的施工进度计划如图14-1所示。

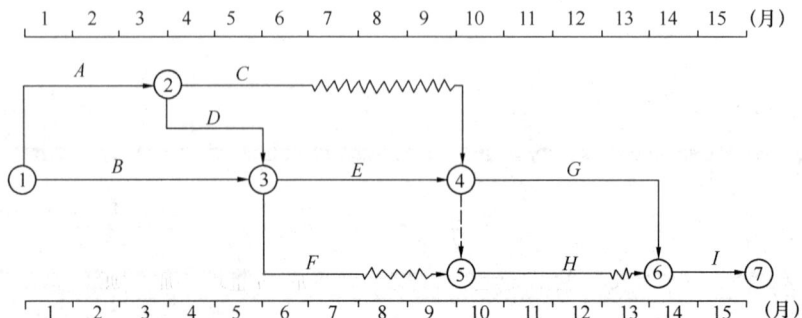

图14-1　施工进度计划

工程实施过程中发生下列事件：

事件1：项目监理机构对A工作进行验收时发现质量问题，要求施工单位返工整改。

事件2：在第5个月初到第8个月末的施工过程中，由于建设单位提出工程变更，使施工进度受到较大影响。截止第8个月末，未完工作尚需作业时间见下表。施工单位按索赔程序向项目监理机构提出了工程延期的要求。

事件3：建设单位要求本工程仍按原合同工期完成，施工单位需要调整施工进度计划，加快后续工程进度。经分析得到的各工作有关数据见表14-1。

相关数据表 表 14-1

工作名称	C	E	F	G	H	I
尚需作业时间（月）	1	3	1	4	3	2
可缩短的持续时间（月）	0.5	1.5	0.5	2	1.5	1
缩短持续时间所增加的费用（万元/月）	28	18	30	26	10	14

【问题】

1. 该工程施工进度计划中关键工作和非关键工作分别有哪些？C和F工作的总时差和自由时差分别为多少？

2. 事件1中，对于A工作出现的质量问题，写出项目监理机构的处理程序。

3. 事件2中，逐项分析第8个月末C、E、F工作的拖后时间及对工期和后续工作的影响程度，并说明理由。

4. 针对事件2，项目监理机构应批准的工程延期时间为多少？说明理由。

5. 针对事件3，施工单位加快施工进度而采取的最佳调整方案是什么？相应增加的费用为多少？

案例三

某城市建设项目，建设单位委托监理单位承担施工阶段的监理任务，并通过公开招标选定甲施工单位作为施工总承包单位，工程实施中发生了下列事件。

事件1：桩基工程开始后，专业监理工程师发现甲施工单位未经建设单位同意将桩基工程分包给乙施工单位，为此，项目监理机构要暂停桩基施工。征得建设单位同意分包后，甲施工单位将乙施工单位的相关材料报项目监理机构审查，经审查，乙施工单位的资质条件符合要求，可进行桩基施工。

事件2：桩基施工过程中，出现断桩事故，经调查分析，此次断桩事故是因为乙施工单位抢进度，擅自改变施工方案引起。对此，原设计单位提供的事故处理方案为：断桩清除，原单位重新施工。乙施工单位按处理方案实施。

事件3：为进一步加强施工过程的质量控制，总监理工程师代表指派专业监理工程师对原监理实施细则中的质量控制措施进行修改，修改后的监理实施细则经总监理工程师代表审查批准后实施。

事件4：工程进入竣工验收阶段，建设单位发文要求监理单位和甲施工单位各自邀请城建档案管理部门进行工程档案验收并直接办理移交事宜，同时要求监理单位对施工单位的工程档案质量进行检查。甲施工单位收到建设单位发文后将文件转发给乙施工单位。

事件5：项目监理机构在检查甲施工单位的工程档案时发现缺少乙施工单位的工程档案，甲施工单位的解释是，按建设单位要求，乙施工单位自行办理了工程档案的验收及移交；在检查乙施工单位的工程档案时发现缺少断桩处理的相关资料，乙施工单位的解释是，断桩清除后原单位重新施工，不需列入这部分资料。

【问题】

1. 事件1中，项目监理机构对乙施工单位资格审查的程序和内容是什么？
2. 项目监理机构应如何处理事件2的断桩事故？
3. 事件3中，总监理工程师代表的做法是否正确？说明理由。
4. 指出事件4中建设单位做法的不妥之处，写出正确做法。
5. 分别说明事件5中甲施工单位和乙施工单位解释的不妥之处。对甲施工单位和乙施工单位在工程档案管理中存在的问题，项目监理机构应如何处理？

案例四

某实施监理的工程，项目业主与施工单位于2009年12月按《建设工程施工合同》（示范文本）签订了施工合同，合同工期为11个月，2010年1月1日开工。合同约定的部分工作的工程量清单如表14-2所示，工程进度款按月结算，并按项目所在地工程造价指数进行调整（此外没有其他调价条款）。

部分工作的工程量清单   表14-2

序号	工作名称	估算工程量/m³	全费用综合单价/（元/m³）
1	A	800	500
2	B	1200	1200
3	C	1800	1000
4	D	600	1100
5	E	800	1200

施工单位编制的施工进度时标网络计划，如图14-2所示。该项目的各项工作均按最早开始时间安排，且各项工作均按匀速施工。2010年1至5月工程造价指数如表14-3所示。

2010年1至5月工程造价指数   表14-3

时间	1月	2月	3月	4月	5月
工程造价指数	1.00	1.05	1.15	1.10	1.20

工程施工过程中，发生如下事件。

事件1：A工作因设计变更，增加工程量，经工程师确认的实际完成工程量为840m³，工作持续时间未变。

事件2：B工作施工时遇到不可预见的异常恶劣气候，造成施工单位的施工机械损坏，修理费用2万元，施工人员窝工损失0.8万元，其他损失费用忽略不计，工作时间延

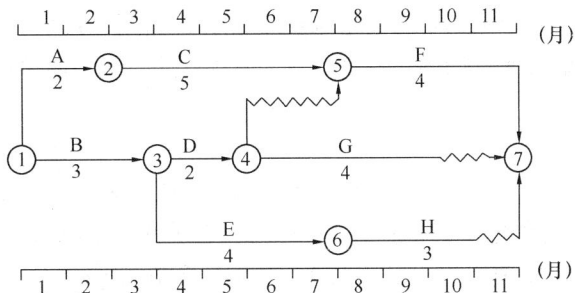

图 14-2 施工进度时标网络计划

长 1 个月。

事件 3：C 工作施工时发现地下文物，导致 C 工作的工作时间延长 1 个月，施工单位自有设备闲置 180 个台班（台班单价为 300 元/台班，台班折旧费为 100 元/台班）。施工单位对文物现场进行保护，产生费用 0.5 万元。

【问题】

1. 分析上述事件发生后 C、D、E 工作的实际进度对总工期的影响，并说明理由；

2. 施工单位是否可以就事件 2、3 提出费用索赔？如果不可以索赔，说明理由。如果可以索赔，说明理由并计算可索赔多少费用。

3. 截止到第 5 个月末，施工单位可以得到的工程款合计为多少万元？

案例五

政府投资的某工程，某监理单位承担了该工程施工招标代理和施工监理任务，该工程采用无标底公开招标方式选定施工单位。工程实施中发生了下列事件。

事件 1：工程招标时，共 A、B、C、D、E、F、G 七家投标单位通过资格预审，并在投标截止时间前提交了投标文件。评标时，发现 A 投标单位的投标文件虽加盖了公章，但没有投标单位法定代表人签字，只有法定代表人授权书中被授权人的签字（招标文件中对是否可由被授权人签字没有具体规定）；B 投标单位的投标报价明显高于其他投标单位的投标报价，分析其原因是施工工艺落后造成的；C 投标单位将招标文件中规定的工期 380 天作为投标工期，但在投标文件中明确表示如果中标，合同工期按定额工期 400 天签订；D 投标单位投标文件中的总价金额汇总有误。

事件 2：经评标委员会评审，推荐 G、F、E 投标单位为前 3 名中标候选人。在中标通知书发出前，建设单位要求监理单位分别找 G、F、E 投标单位重新报价，以价格低者为中标单位。按原投标价签订施工合同后，建设单位再次重新报价与中标单位签订协议书，作为实际履行合同的依据。监理单位认为建设单位的要求不妥，并提出了不同意见，建设单位最终接受了监理单位的意见，确定 G 投标单位为中标单位。

事件 3：开工前，总监理工程师召开了第一次工地会议，并要求 G 单位及时办理施工许可证，确定工程水准点、坐标控制点，按政府有关规定及时办理施工噪声和环境保护相关手续。

事件 4：开工前，设计单位组织召开了设计交底会。会议结束后，总监理工程师整理了一份"设计修改建议书"，提交给设计单位。

事件 5：施工开始前，G 单位向专业监理工程师报送了"施工测量放线报验表"，并附有测量放线控制成果及保护措施。专业监理工程师复核了控制桩的校核成果和保护措施后，即予以签认。

【问题】

1. 分别指出事件 1 中 A、B、C、D 投标单位的投标文件是否有效？说明理由。

2. 事件 2 中，建设单位的要求违反了招标投标有关法规的哪些具体规定？

3. 指出事件 3 中总监理工程师做法的不妥之处，写出正确做法。

4. 指出事件 4 中设计单位和总监理工程师做法的不妥之处，写出正确做法。

5. 事件 5 中，专业监理工程师还应检查、复核哪些内容？

案例六

某 27 层大型商住楼工程项目，建设单位 A 将其实施阶段的工程监理任务委托给 B 监理公司进行监理，并通过招标决定将施工承包合同授予施工单位 C. 在施工准备阶段，由于资金紧缺，建设单位向设计单位提出修改设计方案、降低设计标准，以便降低工程造价和投资的要求。设计单位为此将基础工程及装饰工程设计标准降低，减少了原设计方案的基础厚度。

【问题】

1. 通常对于设计变更，监理工程师应注意哪些问题？

2. 针对上述设计变更情况，写出监理单位的处理程序。

第十四套模拟试卷参考答案、考点分析

案例一

1.（1）不妥之处：由总监理工程师代表负责审核监理实施细则。正确做法：由总监理工程师负责审批监理实施细则。

（2）不妥之处：由总监理工程师代表进行监理人员的调配，调换不称职的监理人员。正确做法：由总监理工程师进行监理人员的调配，调换不称职的监理人员。

（3）不妥之处：由专业监理工程师全权处理合同争议和工程索赔。正确做法：由总监理工程师负责处理合同争议、处理索赔。

2. 施工单位还应补充提交：

（1）企业资质等级证书、安全生产许可证、国外（境外）企业在国内承包工程许可证；

（2）专职管理人员和特种作业人员的资格证、上岗证。

3.（1）不妥之处：施工单位项目经理审查该深基坑分项工程的专项施工方案后，即向项目监理机构报送。正确做法：由施工单位项目经理组织专家组对深基坑的专项施工方案进行论证、审查；由施工单位技术负责人审核签字后报送项目监理机构。

（2）不妥之处：在项目监理机构审批方案过程中就组织队伍进场施工。正确做法：在项目监理机构审批该方案过程中不得进场施工，在总监理工程师签字后方可实施。

（3）不妥之处：安排质量员兼任安全生产管理员对现场施工安全进行监督。正确做法：由专职安全生产管理人员对现场施工安全进行现场监督。

4.（1）不妥之处：项目监理机构负责整理资料。正确做法：应设专人负责收集、整理和归档监理文件资料，且由总监理工程师负责管理。

（2）不妥之处：总监理工程师把监理文档直接移交城建档案管理机构保存。正确做法：项目管理机构向监理单位移交归档，监理单位向建设单位移交归档，建设单位向城建档案管理机构移交归档。

案例二

1. 该工程施工进度计划中关键工作为 A、B、D、E、G、I；非关键工作为 C、F、H。

C 工作总时差为 3 个月；自由时差为 3 个月。

F 工作总时差＝2＋1＝3 个月；自由时差为 2 个月。

2. 事件 1 中，对于 A 工作出现的质量问题，监理工程师首先应判断其严重程度，分以下两种情况处理：

（1）如果该质量问题可以通过返修或返工弥补，则处理程序为：

① 签发《监理工程师通知单》；

② 责成施工承包单位写出质量问题调查报告，提出处理方案，填写《监理通知回复单》，报监理工程师审核；

③ 分析原因、审核、批复处理方案，必要时应经设计单位和建设单位认可；

④ 跟踪检查处理方案的实施；

⑤ 检查、鉴定、验收处理结果。

⑥ 向建设单位和监理单位提交《质量问题处理报告》；

⑦ 将相关记录和报告存档。

（2）如果质量问题需要加固补强，或将影响下道工序和分项工程的质量，则处理程序为：

① 向建设单位报告，由总监及时签发《工程暂停令》，要求停止相关部位的施工，必要时采取防护措施；

② 责成施工单位写出质量问题调查报告，提出处理方案，并应经原设计单位签认；

③ 分析原因、审核、批复处理方案，并征得建设单位同意；

④ 跟踪检查处理方案的实施；

⑤ 检查、鉴定、验收处理结果。

⑥ 向建设单位和监理单位提交《质量问题处理报告》；

⑦ 将相关记录和报告存档。

⑧ 验收合格后，由施工单位填报《工程复工报审表》；

⑨ 总监签发《工程复工报审表》，允许进行后续工序的施工。

3. （1）事件 2 中，C 工作拖后 3 个月，对总工期和后续工作均无影响。

理由：C 工作的总时差和自由时差都为 3 个月，其拖后的时间既未超过总时差，亦未超过其自由时差。

（2）事件 2 中，E 工作拖后 2 个月，将造成总工期和后续工作均延期 2 个月。

理由：E 工作为关键工作。

（3）事件 2 中，F 工作拖后 2 个月，对总工期和后续工作均无影响。

理由：原计划中，F 工作有 3 个月总时差和 2 个月自由时差，因此拖后 2 个月既不会影响总工期，也不会不影响后续工作。

4. 针对事件 2，项目监理机构应批准的工程延期时间为 2 个月。

理由：处于关键线路上的 E 工作拖后 2 个月，影响总工期 2 个月。

5. 针对事件 3，施工单位加快施工进度而采取的最佳调整方案为：将 E 工作和 I 工作各缩短一个月，共增加费用为：14＋18＝32（万元）。

案例三

1. （1）事件 1 中，项目监理机构对乙施工单位资格审查的程序：专业监理工程师审查甲施工单位报送的乙施工分包单位资格报审表和分包单位有关资质资料，符合有关规定后，由总监理工程师予以签认。

（2）事件 1 中，项目监理机构对乙施工单位的资格应审核以下内容：

① 营业执照、企业资质等级证书。

② 公司业绩。

③ 乙施工单位承担的桩基工程的内容和范围。

④ 专职管理人员和特种作业人员的资格证、上岗证。

2. 项目监理机构应按以下程序处理事件 2 的断桩事故：

（1）及时下达"工程暂停令"。

（2）责令甲施工单位报送断桩事故调查报告。

（3）审查甲施工单位报送的施工处理方案、措施。

（4）批复处理方案、措施。

（5）对事故的处理和处理结果进行跟踪检查和验收。

（6）及时向建设单位提交有关事故的书面报告，并应将完整的质量事故处理记录整理归档。

（7）由甲施工单位填报"工程复工申请表"，总监理工程师签发"工程复工令"。

3．事件3中，对总监理工程师代表的做法是否正确的判断及理由如下：

（1）指派专业监理工程师修改监理实施细则的做法正确。总监理工程师代表可以行使总监理工程师的这一职责。

（2）审批监理实施细则的做法不正确。应由总监理工程师审批。

4．事件4中建设单位做法的不妥之处：要求监理单位和甲施工单位各自对工程档案进行验收并移交。

正确做法：应由建设单位组织建设工程档案的（预）验收，并在工程竣工验收后统一向城市档案管理部门办理工程档案移交。

5．（1）事件5中，甲施工单位解释的不妥之处：乙施工单位自行办理工程档案的验收与移交。乙施工单位解释的不妥之处：断桩清除后原单位重新施工，不需列入这部分资料。

（2）对工程档案管理中存在问题的处理：与建设单位沟通后，项目监理机构应向甲施工单位签发"监理工程师通知单"，要求尽快整改。

案例四

1．上述事件发生后C、D、E工作的实际进度对总工期影响的判断及理由如下。

（1）C工作的实际进度使总工期拖后1个月。

理由：C工作为关键工作，其工作时间延长1个月会使总工期拖后1个月。

（2）D工作的实际进度不影响总工期。

理由：D工作为非关键工作，有1个月的总时差，即使工作时间拖后1个月也不会影响总工期。

（3）E工作的实际进度不影响总工期。

理由：E工作为非关键工作，有2个月的总时差，即使工作时间拖后1个月也不会影响总工期。

2．对施工单位就事件2、3提出费用索赔的判断及理由如下。

（1）施工单位不可以就事件2提出费用索赔。

理由：依据《建设工程施工合同》（示范文本）中承包商可引用的索赔条款，遇到不可预见的异常恶劣气候只可以索赔工期。

（2）施工单位可以就事件3提出费用索赔。

理由：依据《建设工程施工合同》（示范文本）中承包商可引用的索赔条款，工作施工时发现地下障碍和文物而采取的保护措施既可以索赔工期，也可以索赔费用。

索赔费用＝180×100＋5000＝23000（元）。

3．第1个月施工单位得到的工程款＝（840/2×500＋1200/4×1200）×1.00＝570000

（元）。

第 2 个月施工单位得到的工程款＝（840/2×500＋1200/4×1200）×1.05＝598500（元）。

第 3 个月施工单位得到的工程款＝（1800/6×1000＋1200/4×1200）×1.15＝759000（元）。

第 4 个月施工单位得到的工程款＝（1800/6×1000＋1200/4×1200）×1.10＝726000（元）。

第 5 个月施工单位得到的工程款＝（1800/6×1000＋600/2×1100＋800/4×1200）×1.20＝1044000（元）。

截止到第 5 个月末，施工单位可以得到的工程款合计＝570000＋598500＋759000＋726000＋1044000＝3697500（元）＝369.75（万元）。

案例五

1. 事件 1 中，A、B、C、D 投标单位的投标文件是否有效的判断及理由如下：

（1）A 单位的投标文件有效。

理由：招标文件对是否可由被授权人签字没有具体规定，签字人有法定代表人的授权书。

（2）B 单位的投标文件有效。

理由：招标文件中对高报价没有限制。

（3）C 单位的投标文件无效。

理由：没有响应招标文件的实质性要求（或附有招标人无法接受的条件）。

（4）D 单位的投标文件有效。

理由：总价金额汇总有误属于细微偏差（或明显的计算错误允许补正）。

2. 事件 2 中，建设单位的要求违反了招标投标有关法规的以下具体规定：

（1）确定中标人前，招标人不得与投标人就投标价格、投标方案等实质性内容进行谈判。

（2）招标人与中标人必须按照招标文件和中标人的投标文件订立合同，双方私下不得再行订立背离合同实质性内容的其他协议。

3. 事件 3 中，总监理工程师做法的不妥之处及正确做法如下。

（1）不妥之处：总监理工程师组织召开第一次工地会议。

正确做法：第一次工地会议应由建设单位组织召开。

（2）不妥之处：要求施工单位办理施工许可证。

正确做法：施工许可证应由建设单位办理。

（3）不妥之处：要求施工单位及时确定水准点与坐标控制点。

正确做法：水准点与坐标控制点应由建设单位（监理单位）确定。

4.（1）事件 4 中设计单位做法的不妥之处：组织召开设计交底会。

正确做法：设计交底会应由建设单位组织。

（2）事件 4 中总监理工程师做法的不妥之处：总监理工程师直接向设计单位提交"设计修改建议书"。

正确做法：应提交给建设单位，由建设单位交给设计单位。

5. 事件5中，专业监理工程师还应检查、复核以下内容：

（1）检查施工单位专职测量人员的岗位证书及测量设备检定证书。

（2）复核（平面和高程）控制网和临时水准点的测量成果。

案例六

1. 为保证工程质量，监理工程师应对设计变更进行严格控制，并应注意以下问题：

（1）不论谁提出的设计变更要求，都必须征得建设单位同意并办理书面变更手续；

（2）涉及施工图审查内容的设计变更必须报原审查机构审查后再批准实施；

（3）注意随时掌握国家政策法规的变化及有关规范、规程、标准的变化，并及时将信息通知设计单位与建设单位，避免产生潜在的设计变更因素；

（4）加强对设计阶段的质量控制，特别是施工图设计文件的审核；

（5）对设计变更要求进行统筹考虑，确定其必要性及对工期费用等的影响；

（6）严格控制对设计变更的签批手续，明确责任，减少索赔。

2. 对上述设计变更，监理工程师应按下列程序处理工程变更：

（1）建设单位或承包单位提出的工程变更，应提交总监理工程师，由总监理工程师组织专业监理工程师审查。审查同意后，应由建设单位转交原设计单位编制设计变更文件。当工程变更涉及安全、环保等内容时，应按规定经有关部门审定。

（2）项目监理机构应了解实际情况和收集与工程变更有关的资料。

（3）总监理工程师必须根据实际情况、设计变更文件和其他有关资料，按照施工合同的有关条款，在指定专业监理工程师完成一系列工作后，对工程变更的费用和工期作出评估。

（4）总监理工程师应就工程变更费用及工期的评估情况与承包单位和建设单位进行协调。

（5）总监理工程师签发工程变更单。

（6）项目监理机构应根据工程变更单监督承包单位实施。

第十五套模拟试卷

案例一

某工程，建设单位委托监理单位承担施工阶段的监理任务。

在施工过程中，发生如下事件。

事件1：专业监理工程师检查结构受力钢筋电焊接头时，发现存在质量问题（表15-1），随即向施工单位签发了"监理工程师通知单"要求整改。施工单位提出，是否整改应视常规批量抽检结果而定。在专业监理工程师见证下，施工单位选择有质量问题的钢筋电焊接头作为送检样品，经施工单位技术负责人负责封样后，由专业监理工程师送往预先确定的试验室，经检测，结果合格。于是，总监理工程师同意施工单位不再对该批电焊接头整改。在随后的月度工程款支付申请时，施工单位将该检测费用列入工程进度款中要求一并支付。

钢筋电焊接头质量问题统计   表 15-1

序号	质量问题	数量
1	裂纹	8
2	气孔	20
3	夹渣	54
4	咬边	104
5	焊瘤	14

事件2：专业监理工程师在检查混凝土试块强度报告时，发现下部结构在检验批内有一个混凝土试块强度不合格，经法定检测单位对相应部位实体进行测定，强度未达到设计要求。经设计单位验算，实体强度不能满足结构安全的要求。

事件3：对于事件2，相关单位提出了加固处理方案，得到参建各方的确认。施工单位为赶工期，采用了未经项目监理机构审批的下部结构加固、上部结构同时施工的方案进行施工。总监理工程师发现后及时签发了"工程暂停令"，施工单位未执行总监理工程师的指令继续施工，造成上部结构倒塌，导致现场施工人员1死2伤的安全事故。

【问题】

1. 根据表15-1，采用排列图法列表计算质量问题的累计频率，并分别指出哪些是主要质量问题、次要质量问题和一般质量问题。

2. 指出事件1中施工单位的提法及施工单位与项目监理机构做法的不妥之处，写出正确做法或说明理由。

3. 按《建设工程监理规范》的规定，写出项目监理机构对事件2的处理程序。

4. 按《建设工程安全生产管理条例》的规定，分析事件3中监理单位、施工单位的法律责任。

案例二

某监理单位承担了一工业项目的施工监理工作。经过招标，建设单位选择了甲、乙施工单位分别承担 A、B 标段工程的施工，并按照《建设工程施工合同（示范文本）》分别和甲、乙施工单位签订了施工合同。建设单位与乙施工单位在合同中约定，B 标段所需的部分设备由建设单位负责采购。乙施工单位按照正常的程序将 B 标段的安装工程分包给丙施工单位。在施工过程中，发生了如下事件。

事件 1：建设单位在采购 B 标段的锅炉设备时，设备生产厂商提出由自己的施工队伍进行安装更能保证质量，建设单位便与设备生产厂商签订了供货和安装合同并通知了监理单位和乙施工单位。

事件 2：总监理工程师根据现场反馈信息及质量记录分析，对 A 标段某部位隐蔽工程的质量有怀疑，随即指令甲施工单位暂停施工，并要求剥离检验。甲施工单位称：该部位隐蔽工程已经专业监理工程师验收，若剥离检验，监理单位需赔偿由此造成的损失并相应延长工期。

事件 3：专业监理工程师对 B 标段进场的配电设备实行检验时，发现由建设单位采购的某设备不合格，建设单位对该设备实行了更换，从而导致丙施工单位停工。因此，丙施工单位致函监理单位，要求补偿其被迫停工所遭受的损失并延长工期。

【问题】

1. 请画出建设单位开始设备采购之前该项目各主体之间的合同关系图。

2. 在事件 1 中，建设单位将设备交由厂商安装的做法是否正确？为什么？

3. 在事件 1 中，若乙施工单位同意由该设备生产厂商的施工队伍安装该设备，监理单位应该如何处理？

4. 在事件 2 中，总监理工程师的做法是否正确？为什么？试分析剥离检验的可能结果及总监理工程师相应的处理方法。

5. 在事件 3 中，丙施工单位的索赔要求是否应该向监理单位提出？为什么？对该索赔事件应如何处理？

案例三

某框架—抗震墙的工程项目，建设单位与施工单位、监理单位分别签订了施工合同、委托监理合同。

在主体结构工程施工至第四层时，钢筋混凝土柱浇筑完毕拆模后，监理工程师发现，第 4 层全部 60 根钢筋混凝土桩的外观质量很差，不仅蜂窝、麻面严重，而且表面的混凝土质地酥松，用锤轻敲即有混凝土碎块脱落。经检查，施工单位提交的从 9 根柱现场取样的混凝土强度试验结果表明，混凝土抗压强度值均达到或超过了设计要求值（设计要求混凝土抗压强度等级达到 C30），其中最大值达到 C35 的水平，监理工程师对施工单位提交的试验报告结果十分怀疑。

【问题】

1. 常见的工程质量问题产生的原因主要有哪几方面？

2. 针对上述情况，监理工程师应当如何处理？

3. 质量事故处理方案有哪几类？

4. 如果上述质量问题经检验证明抽验结果质量严重不合格（最高的强度等级低于C20），监理工程师应当如何处理？

案例四

某实施监理的工程项目，建设单位与施工单位按照《建设工程施工合同》（示范文本）签订了施工合同。合同工期为 9 个月，合同总价为 840 万元。项目监理机构批准的施工进度计划如图 15-1 所示，各项工作均按照最早时间安排且匀速施工，施工单位的部分报价如表 15-2 所示。施工合同中约定：预付款为合同总价的 20%，当工程款支付达到合同价的 50% 时开始扣预付款，3 个月内平均扣回；质量保修金为合同价的 5%，从第 1 个月开始，按每月进度款的 10% 扣留，扣完为止。

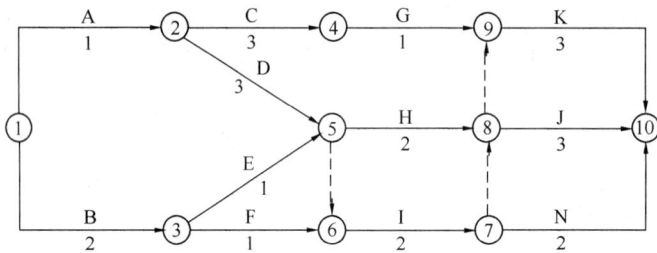

图 15-1 监理机构批准的施工进度计划（单位：月）

施工单位的部分报价 表 15-2

工作	A	B	C	D	E	F
合同价/万元	30	54	30	84	300	21

工程于 2005 年 3 月 1 日开工，施工中发生了如下事件。

事件 1：建设单位接到政府安全管理部门将于 6 月份进行现场工程安全施工大检查的通知后，要求施工单位结合现场安全状况进行自查，对存在的问题进行整改。施工单位进行了自查整改，并向项目监理机构递交了整改报告，同时要求建设单位支付为迎接检查进行整改所发生的费用。

事件 2：现场浇筑的混凝土楼板出现了多道裂缝，经有资质的检测单位检测分析，认定是商品混凝土的质量问题。对此，施工单位提出，因混凝土厂家是建设单位推荐的，故建设单位负有推荐的责任，应分担检测的费用。

事件 3：K 工作施工中，施工单位以按设计文件建议的施工工艺难以施工为由，向建设单位书面提出了工程变更的请求。

【问题】

1. 该施工进度计划中有几条关键线路？请指出。

2. 开工 3 个月后施工单位每月应获得的工程款是多少？

3. 工程预付款是多少？预付款从何时开始扣回？开工 3 个月后，总监理工程师每个月签发的工程款是多少？

4. 分别分析事件1和事件2中，施工单位提出的费用要求是否合理？说明理由。

5. 事件3中，施工单位提出的变更程序是否妥当？说明理由。

案例五

某实施监理的建设项目，分为二期建设工程，业主与一监理公司签订了监理委托合同，委托工作范围包括一期工程施工阶段监理和二期工程设计与施工阶段的监理。

总监理工程师在该项目上配备了设计阶段监理工程师8人，施工阶段监理工程师20人，并分别为设计阶段和施工阶段制订了监理规划。

在某次监理工作例会上，总监理工程师强调了设计阶段监理工程师下周的工作重点是审查二期工程的施工图预算，要求重点审查工程量是否准确、预算单价套用是否正确、各项取费标准是否符合现行规定等内容。

子项目监理工程师小张在一期工程的施工监理中发现承包方未经申报，擅自将催化设备安装工程分包给某工程公司并进场施工，立即向承包方下达了停工指令，要求承包方上报分包单位资质材料。承包方随后送来了该分包单位资质证明，小张审查后向承包方签署了同意该分包单位分包的文件。小张还审核了承包方送来的催化设备安装工程施工进度的保证措施，并提出了改进建议。承包方抱怨说，由于业主供应的部分材料尚未到场，有些保证措施无法落实，会影响工程进度。小张说："我负责给你们协调，我去施工现场巡视一下，就去找业主。"

【问题】

1. 该项目监理公司应派出几名总监理工程师？为什么？总监理工程师建立项目监理机构应选择什么结构形式？总监理工程师分阶段制订监理规划是否妥当？为什么？

2. 监理工程师在审查预算单价套用是否正确时，应注意审查哪几个方面？

3. 根据监理人员的职责分工，指出哪些是小张应履行的职责？哪些不属于小张履行的职责？不属于小张履行的职责应由谁履行？

案例六

某住宅楼工程，该工程招标文件中有关开标评标的内容如下：

（1）开标时间按本招标文件中的《建设工程施工招投标工作日程安排》进行。开标会议由公证机构组织并主持，在投标单位法人代表或授权代理人在场的情况下举行开标会议，并由招标管理机构进行监督。开标程序及其他开标事宜按有关规定执行。

（2）评标定标的原则：评标、定标应遵循公平、公正、科学合理、竞争优选的原则。中标人应具备质量好、信誉高、价格合理、工期适当、施工方案先进可行、市场行为规范、无不正当竞争行为等的条件。

（3）评定标的办法，本次招标采用百分制综合因素评分办法。开标前30min，设立评标委员会，由招标单位法人代表或其授权代理人担任评委会主任，主持评标会议，但不参加评标打分。评委由4人组成，招标单位2名，其余2名在某市建设工程交易中心提供的专家库中随机抽取。评标委员会根据本工程招标文件的评定标办法进行评标。评标结束，由评标委员会写出评标报告，按投标单位的得分高低，向招标单位推荐得分第一名为中标单位，经招标管理机构核准后，由招标单位发出《中标通知书》，对未中标单位发出《未中标通知书》。对未中标单位因未中标向招标单位提出的问题，招标单位将不作解释。若中标人不再履行承诺或确实存在问题，报招投标监督管理机构核准后，可按得分排序向下确定中标人。

【问题】

1. 建设工程招标应具备哪些条件？
2. 招标代理机构进行招标代理应满足什么条件？
3. 该招标文件中关于开标、评标的内容存在哪些不妥之处？
4. 工程建设项目施工招标文件的内容有哪些？

第十五套模拟试卷参考答案、考点分析

案例一

1. 质量问题的累计频率如表 15-3 所示。

质量问题项目数量频率统计　　　　　　　　　　表 15-3

序号	质量问题	数量	频率/（%）	累计频率/（%）
1	咬边	104	52	52
2	夹渣	54	27	79
3	气孔	20	10	89
4	焊瘤	14	7	96
5	裂纹	8	4	100
合计	—	200	100	—

主要质量问题是咬边和夹渣。

次要质量问题是气孔。

一般质量问题是焊瘤和裂纹。

2. 事件 1 中施工单位的提法及施工单位与项目监理机构做法的不妥之处及正确做法或理由如下。

（1）不妥之处：施工单位提出，是否整改应视常规批量抽检结果而定。

正确做法：施工单位应该进行整改。

（2）不妥之处：送检样品经施工单位技术负责人负责封样。

正确做法：送检样品应经监理工程师负责封样。

（3）不妥之处：送检样品由专业监理工程师送往预先确定的试验室。

正确做法：送检样品由施工单位送往预先确定的试验室。

（4）不妥之处：总监理工程师同意施工单位不再对该批电焊接头整改。

正确做法：总监理工程师应要求施工单位对出现质量问题的电焊接头整改。

（5）不妥之处：施工单位将检测费用列入工程进度款中要求一并支付。

理由：见证取样的试验费用应由承包单位支付。

3. 按《建设工程监理规范》的规定，项目监理机构对事件 2 的处理程序是：监理人员发现施工存在重大质量隐患，可能造成质量事故或已经造成质量事故，应通过总监理工程师及时下达"工程暂停令"，要求承包单位停工整改。整改完毕并经监理人员复查，符合规定要求后，总监理工程师应及时签署"工程复工报审表"。

4. 按《建设工程安全生产管理条例》的规定，事件 3 中监理单位不承担法律责任。施工单位的法律责任是：①作业人员不服从管理、违反规章制度和操作规程冒险作业造成重大伤亡事故或者其他严重后果，构成犯罪的，依照刑法有关规定追究刑事责任；②施工单位的主要负责人、项目负责人有违法行为，尚不够刑事处罚的，处 2 万元以上 20 万元以下的罚款或者按照管理权限给予撤职处分，自刑罚执行完毕或者受处分之日起 5 年内不得担任任何施工单位的主要负责人、项目负责人。

案例二

1. 建设单位开始设备采购之前该项目各主体之间的合同关系图，如图 15-2 所示。

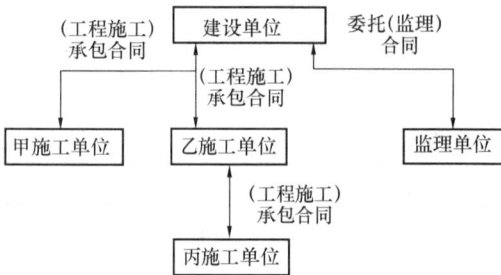

图 15-2　设备采购之前该项目各主体之间的合同关系图

2. 事件 1 中，建设单位在与乙施工单位签订了 B 标段工程施工与安装的合同后，在采购 B 标段所需的部分设备时，又与设备生产厂商签订了供货和安装合同，建设单位与设备生产厂商签订的供货和安装合同违反了与乙施工单位签订的施工合同的约定，其做法属于违约行为。

3. 事件 1 中，若乙施工单位同意由该设备生产厂商的施工队伍安装该设备，监理单位应该对厂商的安装资质进行审查，符合要求，可以由厂商进行安装，总监理工程师应协调建设单位和乙施工单位进行相应的合同变更。

若厂商安装资质不符合要求，总监理工程师应向建设单位指出，仍由原施工单位安装。

4. 事件 2 中，总监理工程师的作法正确，无论专业监理工程师是否进行了该部位隐蔽工程的质量验收，总监理工程师对该部位隐蔽工程的质量有怀疑时均可以要求重新检验。若检查的结果合格，建设单位承担由此发生的全部追加合同价款赔偿甲施工单位损失并相应顺延工期；若检查的结果不合格，损失不予赔偿，工期不予顺延。

5. 事件 3 中，丙施工单位的索赔要求不应该向监理单位提出，因为建设单位和丙施工单位没有合同关系。

对该索赔事件应按下列程序和方法处理：

（1）丙施工单位通过乙施工单位向监理机构提出索赔申请；

（2）总监理工程师对索赔申请进行审查，初步确定费用和工程延期，与乙施工单位和建设单位协商后，总监理工程师对索赔费用和工程延期做出决定；

（3）按时通知乙施工单位复工。

案例三

1. 常见的工程质量问题产生的原因主要有以下几方面：

（1）违背建设程序；

（2）违反法规行为；

（3）地质勘察失真；

（4）设计差错；

（5）施工与管理不到位；

（6）使用不合格的原材料、制品及设备；

（7）自然环境因素；

（8）使用不当。

2. 该质量事故发生后，监理工程师可按以下步骤处理：

（1）监理工程师发现质量问题时，应立即向施工单位发出《监理通知》，必要时，应签发《工程暂停令》，指令施工单位停止该部位和与其有关联的下道工序的施工。

（2）如果监理方尚已具有相应技术实力及设备，可通知施工单位并在施工方参与下从已浇筑的柱体上钻孔取样进行抽样检验和试验；也可以请具有权威性的第三方检测机构进行抽检和试验；或要求施工单位在有监理方现场见证的情况下，重新见证取样和试验。

（3）根据重新抽检结果判断质量问题的严重程度并进行原因分析，必要时需通过建设单位请原设计单位及质量监督机构参加对该质量问题的分析判断。

（4）根据判断的结果及质量问题产生的原因要求有关单位提出处理方案，并认真审核签认质量问题处理方案。

（5）指令施工单位进行处理，监理方应跟踪监督。

（6）处理后施工单位自检合格后，监理工程师复检合格加以确认。

（7）质量问题处理完毕，监理工程师应组织有关人员对处理的结果进行检查、鉴定和验收，写出质量问题处理报告，报建设单位和监理单位存档。

3. 质量事故处理方案的类型主要有以下几种：

（1）修补处理，通常当工程的某个检验批、分项或分部的质量虽未达到规定的规范、标准或设计要求，存在一定缺陷，但通过修补或更换器具、设备后还可达到要求的标准，又不影响使用功能和外观要求，在此情况下，可以进行修补处理。

（2）返工处理，当工程质量未达到规定的标准和要求，存在严重的质量问题，对结构的使用和安全构成重大影响，且又无法通过修补处理的情况下，可对检验批、分项、分部甚至整个工程返工处理。

（3）不做处理，通常不做处理有以下几种情况：①不影响结构安全和正常使用；②有些质量问题经过后续工序可以弥补；③经法定检测单位鉴定合格；④经检测鉴定达不到设计要求，但经原设计单位核算仍能满足结构安全及使用功能。

4. 若经检验证明抽验结果质量严重不合格，监理工程师应当要求施工单位全部返工。由此产生的经济损失及工期延误由施工单位承担。

案例四

1. 该施工进度计划中的关键线路有 4 条：

A→D→H→J（或①→②→⑤→⑧→⑩）；

A→D→H→K（或①→②→⑤→⑧→⑨→⑩）；

A→D→I→J（或①→②→⑤→⑥→⑦→⑧→⑩）；

A→D→I→K（或①→②→⑤→⑥→⑦→⑧→⑨→⑩）。

2. 开工 3 个月后施工单位每月应获得的工程款如下：

第 1 个月：$30 + 54 \times \frac{1}{2} = 57$（万元）。

第 2 个月：$54 \times \frac{1}{2} + 30 \times \frac{1}{3} + 84 \times \frac{1}{3} = 65$（万元）。

第 3 个月：$30 \times \frac{1}{3} + 84 \times \frac{1}{3} + 300 + 21 = 359$（万元）。

3.（1）工程预付款为：$840 \times 20\% = 168$（万元）。

（2）开工 3 个月后施工单位累计应获得的工程款：

$$57 + 65 + 359 = 481 > 420 = 840 \times 50\%。$$

因此，预付款应从第 3 个月开始扣回。

（3）开工 3 个月后总监理工程师每月签发的工程款如下。

第 1 个月：$57-57×10\%=51.3$（万元）$[$或 $57×90\%=51.3$（万元）$]$。

第 2 个月：$65-65×10\%=58.5$（万元）$[$或 $65×90\%=58.5$（万元）$]$。

前 2 个月扣留保修金：$(57+65)×10\%=12.2$（万元）。

应扣保修金总额：$840×5\%=42$（万元）。

由于 $359×10\%=35.9>29.8=42-12.2$（万元）。

第 3 个月应签发的工程款：$359-(42-12.2)-168/3=273.2$（万元）。

4. （1）事件 1 中，施工单位提出的费用要求不合理。

理由：安全施工自检费用属于建筑安装工程费中的措施费（或该费用已包含在合同价中）。

（2）事件 2 中，施工单位提出的费用要求不合理。

理由：商品混凝土供货单位与建设单位没有合同关系。

5. 事件 3 中，施工单位提出的变更程序不妥。

理由：提出工程变更应先报项目监理机构。

案例五

1. （1）该项目监理公司应派一名总监理工程师，因为项目只有一份监理委托合同（或一个项目监理组织）。

（2）总监理工程师建立项目监理机构应选择按建设阶段分解的直线制监理组织结构形式。

（3）总监理工程师分阶段制订监理规划妥当，因为该工程包含设计监理和施工监理。

2. 监理工程师在审查预算单价套用时，应注意：

（1）分项工程的名称、规格、计量单位与预算单价或单位估价表中所列内容完全一致时，可以直接套用预算单价。

（2）分项工程的主要材料品种与预算单价或单位估价表中规定材料不一致时，不可以直接套用预算单价，需要按实际使用材料价格换算预算单价。

（3）分项工程施工工艺条件与预算单价或单位估价表不一致而造成人工、机械的数量增减时，一般调量不换价。

（4）分项工程不能直接套用定额、不能换算和调整时，应编制补充单位估价表。

3. （1）属于小张的职责：要求承包方上报分包单位资质材料；审查进度保证措施，提出改进建议；巡视现场。

（2）不属于小张的职责：下达停工令；审查确认分包单位资质；协调业主与承包方关系。

（3）不属于小张履行的职责应由总监理工程师承担。

案例六

1. 建设工程招标应具备以下条件：

（1）招标人已经依法成立；

（2）初步设计及概算应当履行审批手续的，已经批准；

（3）招标范围、招标方式和招标组织形式等应当履行核准手续的，已经核准；

（4）有相应资金或资金来源已经落实；

（5）有招标所需的设计图纸及技术资料。

2. 根据《中华人民共和国招标投标法》第十三条的规定，招标代理机构应当具备下列条件：

（1）有从事招标代理业务的营业场所和相应资金。

（2）有能够编制招标文件和组织评标的相应专业力量。

（3）有符合本法第三十七条第三款规定条件、可以作为评标委员会成员人选的技术、经济等方面的专家库。

3. 开标会议由公证机构组织并主持不妥。根据《中华人民共和国招标投标法》的规定，开标会议应该由招标人主持。评标委员会的成员组成不合理。根据《中华人民共和国招标投标法》第三十七条的规定，依法必须进行招标的项目，其评标委员会由招标人的代表和有关技术经济等方面的专家组成，成员人数为 5 人以上单数，其中技术经济等方面的专家不得少于成员总数的 2/3。

4. 工程建设项目施工招标文件一般包括下列内容：投标邀请书；投标人须知；合同主要条款；投标文件格式；采用工程量清单招标的，应当提供工程量清单；技术条款；设计图纸；评标标准和方法；投标辅助材料。

第十六套模拟试卷

案例一

某市政府投资的一建设工程项目，项目法人单位委托某招标代理机构采用公开招标方式代理项目施工招标，并委托具有相应资质的工程造价咨询企业编制了招标控制价。招标过程中发生以下事件。

事件1：招标信息在招标信息网上发布后，招标人考虑到该项目建设工期紧，为缩短招标时间，而改用邀请招标方式，并要求在当地承包商中选择中标人。

事件2：招标代理机构要求投标人提交的投标保证金为120万元。

事件3：开标后，招标代理机构组建评标委员会，由技术专家2人、经济专家3人、招标代表人1人、该项目主管部门主要负责人1人组成。

事件4：招标人向中标人发出中标通知书后，向其提出降价要求，双方经过多次谈判，签订了书面合同，合同价比中标价降低2%。招标人在与中标人签订合同3周后，退还了未中标的其他投标人的投标保证金。

【问题】

1. 指出事件1中招标人行为的不妥之处，并说明理由。

2. 指出事件2、事件3中招标代理机构行为的不妥之处，并说明理由。

3. 指出事件4中招标人行为的不妥之处，并说明理由。

案例二

某工程，建设单位委托具有相应资质的监理单位承担施工招标代理和施工阶段监理任务，拟通过公开招标方式分别选择建安工程施工、装修工程设计和装修工程施工单位。

在工程实施过程中，发生如下事件：

事件1：监理单位编制建安工程施工招标文件时，建设单位提出投标人资格必须满足以下要求：

（1）获得国家级工程质量奖项。

（2）在项目所在地行政辖区内进行了工商注册登记。

（3）拥有国有股份。

（4）取得安全生产许可证。

事件2：建安工程施工单位与建设单位按《建设工程施工合同（示范文本）》签订合同后，在施工中突遇合同中约定属不可抗力的事件，造成经济损失（见表16-1）和工地全面停工15天。由于合同双方均未投保，建安工程施工单位在合同约定的有效期内，向项目监理机构提出了费用补偿和工程延期申请。

序号	项目	金额/万元
1	建安工程施工单位采购的已运至现场待安装的设备修理费	5.0
2	现场施工人员受伤医疗补偿费	2.0
3	已通过工程验收的供水管爆裂修复费	0.5
4	建设单位采购的已运至现场的水泥损失费	3.5
5	建安工程施工单位配备的停电时间用于应急的发电机修复费	0.2
6	停工期间施工作业人工窝工费	8.0
7	停工期间必要的留守管理人员工资	1.5
8	现场清理费	0.3
合计		21.0

经济损失表　　　　　　　　　　　　　　　　　　　　表 16-1

事件 3：施工过程中，总监理工程师发现施工单位刚开始采用的一项新工艺，未向监理机构报审。

事件 4：在施工时，装修工程施工单位发现图样错误，导致装修工程局部无法正常进行，虽然不会影响总工期，但造成了工人窝工等损失。装修工程施工单位向项目监理机构提出变更设计和费用索赔的申请。

【问题】

1. 逐条指出事件 1 中监理单位是否应采纳建设单位提出的要求，分别说明理由。

2. 事件 2 中，发生的经济损失分别由谁承担？建安工程施工单位总共可获得费用补偿为多少？工程延期要求是否成立？

3. 写出总监理工程师对事件 3 的处理程序。

4. 根据《建设工程监理规范》的规定，写出事件 4 中项目监理机构处理变更设计和费用索赔的程序。

案例三：

某工程项目，业主与监理单位签订了施工阶段监理合同，与承包方签订了工程施工合同。施工合同规定：设备由业主供应，其他建筑材料由承包方采购。

施工过程，承包方未经监理单位事先同意，订购了一批钢材，钢材运抵施工现场后，监理工程师进行了检验，检验中监理工程师发现该批材料承包方未能提交产品合格证、质量保证书和材质化验单，且这批材料外观质量不好。

业主经与设计单位商定，对主要装饰石料指定了材质、颜色和样品，并向承包方推荐厂家，承包方与生产厂家签订了购货合同。厂家将石料按合同采购量送达现场，进场时经检查该批材料颜色有部分不符合要求，监理工程师通知承包方该批材料不得使用。承包方要求厂家将不符合要求的石料退换，厂家要求承包方支付退货运费，承包方不同意支付，厂家要求业主在应付承包方工程款中扣除上述费用。

【问题】

1. 以上述钢材质量问题监理工程师应如何处理？为什么？

2. （1）业主指定石料材质、颜色和样品是否合理？

(2) 监理工程师进行现场检查，对不符合要求的石料通知不许使用是否合理？为什么？

(3) 承包方要求退换不符合要求的石料是否合理？为什么？

(4) 厂家要求承包方支付退货运费，业主代扣退货运费款是否合理？为什么？

(5) 石料退货的经济损失应由谁负担？为什么？

案例四

某建设项目承包商在建设单位提供的工程量清单的基础上报价见表 16-2"数据表"，签订的施工承包合同总工期为 6 个月，工程预付款为原合同总价的 20%，保修金为原合同总价的 5%。预付款自承包商每月所有有权获得的工程进度款（每月实际完成的合格工程量价款加上承包商获得的索赔费用及工程变更款）累计总额达到合同总价的 20% 的那个月开始起扣，直到预付款还清为止，扣款按每月获得的工程进度款（同前述）的 25% 比率扣除，保修金扣留从首次支付工程进度款开始，在每月承包商所有有权获得的工程进度款（如前述）中按 10% 扣留，直到累计扣留达到保修金的限额为止。

数 据 表　　　　　　　　　　　　　　表 16-2

工作	估算工程量/m³	综合单价（元/m³）	合价/万元
A	3200	50	16
B	2000	100	20
C	6000	45	27
D	2500	80	20
E	800	480	38.4
F	8000	36	28.8
G	1200	120	14.4
H	7000	40	28

承包商按合同工期要求编制了施工进度双代号网络计划，并得到总监理工程师的批准，其施工进度双代号网络计划如图 16-1 所示。

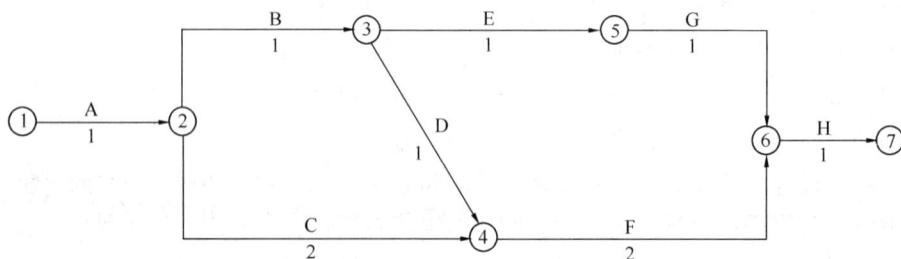

图 16-1　网络图（单位：月）

该工程在施工过程中出现如下事件：

事件 1：A 工作实施过程中遇到了工程地质勘探中没有探测到的地下障碍物，排除地下障碍物未延长 A 工作的持续时间，但增加了施工成本 1.20 万元，承包商及时提出费用索赔 1.20 万元。

　　事件 2：B 工作实施过程中承包商为了保证基础工程的施工质量，采取了提高混凝土强度等级的技术措施，导致成本增加了 1.80 万元，承包商及时提出费用索赔 1.80 万元。

　　事件 3：在 E 工作开始实施时，由于承包商施工机械出现故障而进行维修，拖延工期 10 天，承包商及时提出工期顺延 10 天申请。

　　事件 4：开工 3 个月时，由于业主原因增加一项工作 N，该工作要求在 C、D 工作结束后开始，并在 G 工作开始前完成，以保证 G 工作在 E、N 工作完成后开始施工，N 工作的工程量为 4000m^3，综合单位为 56 元/m^3，持续时间为 1 个月，承包商及时提出工程变更费用 22.40 万元，工期延期 1 个月的申请。

　　【问题】

　　1. 监理工程师对承包商在施工过程中发生的事件如何处理？要求分别说明理由。

　　2. 由于业主原因增加了一项工作 N，要求绘制新的网络计划图，并注明关键线路，判别工期有否变化？若该工程的各项工作均按最早开始时间安排且各工作每月所完成的工程量相等，要求将 A、B、C、D、E、F、G、H、N 各项工作每月实际完成的工程量列入表 16-3 中。

每月实际完成工作量　　　　　（单位：m^3）　　表 16-3

工作	进度						
	1 月	2 月	3 月	4 月	5 月	6 月	合计

　　3. 本工程原合同总价为多少？施工过程中成立的承包商索赔费用各是多少？业主引起的工程变更价款为多少万元？本工程项目最终造价为多少万元？计算预付款、保修金额，写出扣款过程。

案例五

　　某实施监理的工程，施工单位按合同约定将打桩工程分包。施工过程中发生如下事件：

　　事件 1：打桩工程开工前，分包单位向专业监理工程师报送了《分包单位资格报审表》及相关资料。专业监理工程师仅审查了营业执照、企业资质等级证书，认为符合条件后即通知施工单位同意分包单位进场施工。

事件2：专业监理工程师在现场巡视时发现，施工单位正在加工的一批钢筋未报验，立即进行了处理。

事件3：主体工程施工过程中，专业监理工程师发现已浇筑的钢筋混凝土过程出现质量问题，经分析，有以下原因：①现场施工人员未经培训；②浇筑顺序不当；③振捣器性能不稳定；④雨天进行钢筋焊接；⑤施工现场狭窄；⑥钢筋锈蚀严重。

事件4：施工单位因违规作业发生一起质量事故，造成直接经济损失8万元。该事故发生后，总监理工程师签发《工程暂停令》。事故调查组进行调查后，出具事故调查报告，项目监理机构接到事故调查报告后，按程序对该质量事故进行了处理。

【问题】

1. 指出事件1中专业监理工程师的做法有哪些不妥，说明理由。

2. 专业监理工程师应如何处理事件2？

3. 将项目监理机构针对事件3分析的①～⑥项原因分别归入影响工程质量的五大要因（人员、机械、材料、方法、环境）之中，并绘制因果分析图。

4. 按造成损失的严重程度划分，事件4中的质量事故属于哪一类？写出项目监理机构对该事故的处理程序。

案例六

某实施监理的房屋建设项目，建设单位委托监理单位对该项目实施监理。设计单位根据建设单位提供的地质勘察报告完成了施工图设计。施工单位通过投标获得施工任务后将门窗安装、外墙以及主体结构中的砌筑工程分别分包给了不同的单位，其中，门窗安装工程合同工期30天。

施工过程中，发生以下事件。

事件1：基础开挖过程中，由于地质情况与地质勘察报告相比出现重大差别，需要修改基础设计，为此现场停工20天，修改基础设计增加费用2万元。基础完工后，施工单位向建设单位提出工期延期20天的索赔申请，建设单位以该延期是由于勘察单位提供的地质勘察报告有误而予以拒绝。

事件2：门窗安装分包单位接到通知后及时进场与砌筑分包单位交叉施工作业，实际施工时间45天。为此，门窗安装分包单位以交叉作业影响安装进度为由，向建设单位提出了增加现场管理费3万元的补偿要求。

【问题】

1. 施工单位对工程进行分包应满足哪些条件？其分包的做法有何不妥？说明理由。

2. 事件1中，施工单位提出索赔的程序是否正确？说明理由。建设单位拒绝索赔申请的理由是否成立？说明理由。修改基础设计增加的费用应由谁承担？说明理由。

3. 事件2中，门窗安装单位提出索赔的程序是否正确？说明理由。其索赔的理由是否成立？说明理由。

第十六套模拟试卷参考答案、考点分析

案例一

1. 事件 1 中招标人行为的不妥之处及理由如下。

（1）不妥之处：改用邀请招标方式进行招标。

理由：该建设工程项目为政府投资的，应该进行公开招标。

（2）不妥之处：要求在当地承包商中选择中标人。

理由：招标人不得对潜在投标人实施歧视待遇。

2. 事件 2、事件 3 中招标代理机构行为的不妥之处及理由如下。

（1）不妥之处：要求投标人提交的投标保证金为 120 万元。

理由：投标保证金额一般为合同总额的 5%～10%。

（2）不妥之处：招标代理机构组建评标委员会。

理由：评标委员会由招标人负责组建。

（3）不妥之处：评标委员会中包括该项目主管部门主要负责人。

理由：项目主管部门或者行政监督部门的人员不得担任评标委员会成员。

3. 事件 4 中招标人行为的不妥之处及理由如下。

（1）不妥之处：招标人向中标人提出降价要求。

理由：确定中标人后，招标人不得就报价、工期等实质性内容进行谈判。

（2）不妥之处：签订的书面合同的合同价比中标价降低 2%。

理由：招标人向中标人发出中标通知书后，招标人与中标人依据招标文件和中标人的投标文件签订合同，不得再行订立背离合同实质内容的其他协议。

（3）不妥之处：招标人在与中标人签订合同 3 周后，退还了未中标的其他投标人的投标保证金。

理由：中标人确定后，招标人向中标人发出中标通知书，同时将中标结果通知未中标的投标人并退还他们的投标保证金或保函。

案例二

1. 事件 1 中监理单位是否应采纳建设单位提出的要求及其理由。

（1）获得国家级工程质量奖项的要求应采纳。

理由：可以保证工程质量。

（2）在项目所在地行政辖区内进行了工商注册登记的要求不应采纳。

理由：以不合理条件限制或排斥潜在投标人。

（3）拥有国有股份的要求不应采纳。

理由：以不合理条件限制或排斥潜在投标人。

（4）取得安全生产许可证的要求应采纳。

理由：必须取得安全生产许可证才有资格进行施工。

2.（1）事件 2 中，发生的经济损失应由建设单位承担的是：建安工程施工单位采购的已运至现场待安装的设备修理费 5.0 万元；已通过工程验收的供水管爆裂修复费 0.5 万元；建设单位采购的已运至现场的水泥损失费 3.5 万元；停工期间必要的留守管理人员工资 1.5 万元；现场清理费 0.3 万元。

（2）事件 2 中，发生的经济损失应由施工单位承担的是：现场施工人员受伤医疗补偿费 2.0 万元；建安工程施工单位配备的停电时间用于应急的发电机修复费 0.2 万元；停工期间施工作业人员窝工费 8.0 万元。

（3）建安工程施工单位总共可获得费用补偿为 5.0＋0.5＋3.5＋1.5＋0.3＝10.8（万元）。

（4）工程延期要求成立。

3. 总监理工程师对事件 3 的处理程序：总监理工程师签发《工程暂停令》，专业监理工程师应要求承包单位报送相应的施工工艺措施和证明材料，组织专题论证，经审定后予以签认。

4. 根据《建设工程监理规范》的规定，事件 4 中项目监理机构处理变更设计的程序：承包单位提出工程变更申请，提交总监理工程师，由总监理工程师组织专业监理工程师审查。审查同意后，由建设单位转交原设计单位编制设计变更文件。当工程变更涉及安全、环境保护等内容时，应按规定经有关部门审定。

根据《建设工程监理规范》的规定，事件 4 中项目监理机构处理费用索赔的程序：

（1）承包单位在施工合同规定的期限内向项目监理机构提交对建设单位的费用索赔意向通知书。

（2）总监理工程师指定专业监理工程师收集与索赔有关的资料。

（3）承包单位在承包合同规定的期限内向项目监理机构提交对建设单位的费用索赔申请表。

（4）总监理工程师初步审查费用索赔申请表，符合规定的条件时予以受理。

（5）总监理工程师进行费用索赔审查，并在初步确定一个额度后，与承包单位和建设单位进行协商。

（6）总监理工程师应在施工合同规定的期限内签署费用索赔审批表，或在施工合同规定的期限内发出要求承包单位提交有关索赔报告的进一步详细资料的通知。

案例三

1. 监理工程师应通知承包方该批钢材不能使用。

因为凡由承包单位负责采购的原材料、半成器或构配件，在采购订货前应向监理工程师申报，经监理工程师审查认可后，方可进行订货采购。

又因为凡运到施工现场的原材料、半成品或构配件，进场前应由监理机构提交《工程材料/构配件/设备报审表》，同时附有产品出厂合格证及技术说明书、质量保证书、技术合格证、施工方按规定要求进行检验的检验或试验报告，给监理工程师审查合格后，方准进场，已进场的通知承包方提交以上的几种证明，若限期不能提交，通知承包方将其钢材清除出场。若能提交合法的钢材三证，并经检验合格，方可用于工程；若检验不合格，应书面通知承包方该钢材不得使用。

2. （1）业主指定石料材质、颜色和样品是合理的。

（2）监理工程师进行现场检查，对不符合要求的石料通知不许使用是合理的。

理由：因为凡不合格的材料、构配件、半成品可不准进入施工现场且不允许使用，所以监理工程师对不符合要求的不料通知不许使用是合理的。

（3）承包方要求退换不符合要求的石料是合理的。

理由：根据建设工程物资采购合同中关于供货方的违约责任的规定，交付货物的品种、型号、规格、质量不符合合同规定，如果采购方同意利用，应当按质论价；当采购方不同意使用时，由供货方负责包换或包修。本题厂家供货不符合购货合同质量要求，因此承包方要求退换不符合要求的石料是合理的。

（4）①厂家要求承包方支付退货运费不合理。

理由：厂家违约造成退货，应由厂家承担责任。

②业主代扣退货运费款不合理。

理由：该物资采购合同与业主无关。

（5）石料退货的经济损失应由厂家承担。

理由：因为退货的责任在厂家。

案例四

1. 监理工程师对承包商在施工过程中发生事件的处理及理由：

事件1：索赔理由成立。因为对于有经验的承包商也事先无法估计到的情况，属于非承包商责任，应给予承包商1.2万元的费用索赔。

事件2：索赔理由不成立。因对于承包商为确保施工质量而采取的措施，不能给予费用补偿。

事件3：索赔理由不成立。施工机械出现故障进行维修是属于承包商自身的责任，不能给予工期延期。

事件4：索赔理由成立。由于业主原因增加一项工作N，增加工程变更费用4000×56＝22400（元）＝22.4（万元），应给予承包商的费用补偿22.4万元。由于N工作并未影响6个月的合同总工期，故承包商提出的工期延期不成立。

2. 绘制由于增加工作N后的新的网络计划图（见图16-2）。

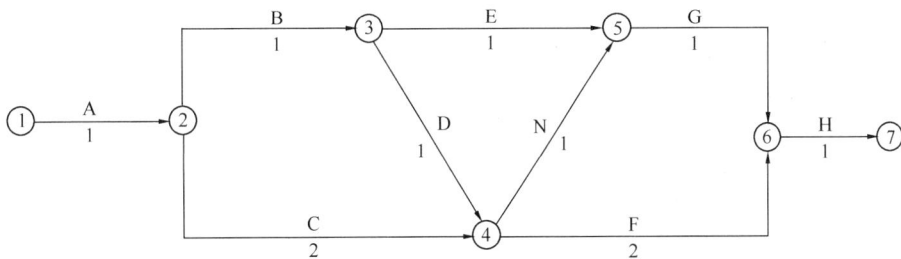

图16-2 增加工作N后的网络图（单位：月）

关键路线为三条：A→B→D→N→G→H；A→C→F→H；A→C→N→G→H。该工程工期无变化仍为6个月。每月实际完成工作量见表16-4。

每月实际完成工作量（单位：m³）　　　　　　　表16-4

工作	进度						
	1月	2月	3月	4月	5月	6月	合计
A	3200						3200

157

工作	进度						
	1月	2月	3月	4月	5月	6月	合计
B		2000					2000
C		3000	3000				6000
D			2500				2500
E			800				800
F				4000	4000		8000
G				1200			1200
H						7000	7000
N				4000			4000

3.（1）本工程合同价：（$50 \times 3200 + 100 \times 2000 + 45 \times 6000 + 80 \times 2500 + 480 \times 800 + 36 \times 8000 + 120 \times 1200 + 40 \times 7000$）元＝1926000（元）＝192.6（万元）。

（2）施工中成立的索赔款：（$12000 + 4000 \times 56$）元＝236000（元）＝23.6（万元）。

（3）工程变更价款：4000×56 元＝224000（元）＝22.4（万元）。

（4）本工程最终造价：192.6＋22.4＝215（万元）。

（5）① 根据估算工程量 1 月份完成 3200m³（A 工作）、2 月份完成 $2000 + 6000/2 = 5000$（m³）（B、C 工作），则 1 月份工程款：3200×50 元＝160000 元＜$1926000 \times 20\%$元＝385200（元）；

② 2 月份工程进度款：（$100 \times 2000 + 3000 \times 45 + 160000$）元＝495000（元）＞385200（元）。

由题设条件知从 2 月份起扣预付款，2 月份实际工程款：（$100 \times 2000 + 45 \times 3000$）元＝335000（元）＝33.5（万元）。

故 2 月扣预付款：$33.5 \times 25\%$＝8.375（万元）。

③ 3 月承包商有权获得的工程进度款：（$3000 \times 45 + 2500 \times 80 + 800 \times 480$）元＝719000（元）＝71.9（万元）。

估算 3 月预付款扣款：$71.9 \times 25\%$＝17.975（万元）。

估算累计预付款扣款：（8.375＋17.975）万元＝26.35（万元）＜38.52（万元）。

故 3 月底扣预付款 17.975（万元）。

④ 4 月承包商有权获得的工程进度款：（$4000 \times 36 + 1200 \times 120 + 4000 \times 56$）元＝512000（元）＝51.2（万元）。

估算 4 月预付款扣款：$51.20 \times 25\%$＝12.8（万元）。

估算累计预付款扣款：（8.375＋17.975＋12.8）万元＝39.15（万元）＞38.52（万元）。

故 4 月底扣预付款：（38.52－8.375－17.975）万元＝12.17（万元）。

应从 2 月开始扣预付款，4 月为止；2 月扣预付款 8.375 万元、3 月扣预付款 17.975 万元、4 月扣预付款 12.17 万元。

（6）工程保修金：$192.6 \times 5\%$＝9.63（万元）。

1 月扣保修金：$16 \times 10\%$＝1.6（万元）。

2 月扣保修金：$33.5 \times 10\% = 3.35$(万元)。

估算 3 月扣保修金：$71.9 \times 10\% = 7.19$(万元)。

估算 1～3 月合计扣保修金：$(1.6 + 3.35 + 7.19)$万元$= 12.14$(万元)> 9.63(万元)。

故 3 月应扣保修金：$(9.63 - 1.6 - 3.35)$万元$= 4.68$(万元)。

工程保修金扣至 3 月为止，1 月扣 1.60 万元，2 月扣 3.35 万元，3 月扣 4.68 万元。

案例五

1. 事件 1 中专业监理工程师的做法不妥之处及理由如下：

（1）分包单位向专业监理师提交《分包单位资格报审表》的做法不妥。

理由：总包单位选定分包单位后，应由总包单位报审《分包单位报审表》及相关材料。

（2）专业监理工程师仅审查了营业执照、企业资质等级证书的做法不妥。

理由：专业监理工程师应该审查以下几点：①分包单位的资质等级是否满足分包工程的要求；②分包单位是否具有相关的专业技术人员；③分包单位是否具有相关的机械设备；④分包单位是否具有类似工程的施工经验或业绩证明。

（3）专业监理工程师认为符合条件后即通知施工单位同意分包单位进场施工的做法不妥。

理由：专业监理工程师认为符合条件后应由总监理工程师书面确认，然后通知施工单位同意分包单位进场施工。

2. 专业监理工程师对事件 2 的处理：

监理单位应对运到施工现场的材料，构件和设备进行检查和确认，并应查验实验和化验报告单，监理工程师有权禁止不符合质量要求的材料和设备进入工地和投入使用。事件 2 中，当在现场巡视时发现施工单位正在加工的一批钢筋未报验，专业监理工程师应立即报告总监理工程师，并由总监理工程师下达《工程暂停批准》；然后要求施工单位立即对该批钢筋进行报验，并且见证取样送检，符合检测标准合格，向专业监理工程师报验收，同时要求施工单位报送复工申请。

3. 事件 3 中①～⑥项原因对应的要因分别为：①现场施工人员未经培训——人员；②浇筑顺序不当——方法；③振捣器性能不稳定——机械；④雨天进行钢筋焊接——环境；⑤施工现场狭窄——环境；⑥钢筋锈蚀严重——材料。

绘制的因果分析图如图 16-3 所示：

4. 按照造成损失的严重程度划分，本案例的经济损失为 8 万元，根据《建设工程质量管理条例》，经济损失大于 5 万元小于 10 万元的为严重质量事故。因此，事件 4 中的质量事故属于严重质量事故。

工程质量发生后，项目监理机构处理程序：①总监理工程师签发《工程暂停令》；②责成施工单位进行质量问题调查；③审核、分析质量问题调查报告，判断和确认质量问题产生的原因；④审核签认质量问题技术处理方案；⑤指令

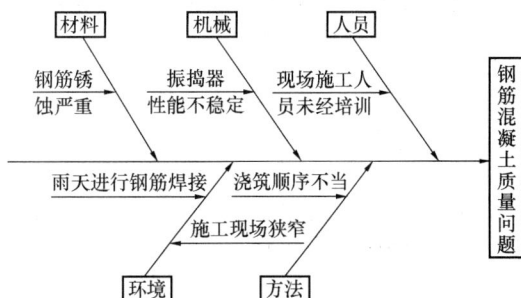

图 16-3 因果分析图

施工单位按既定的处理方案实施处理并进行跟踪检查；⑥组织有关人员对处理的结果进行严格的检查、鉴定和验收，写出质量处理报告，报建设单位和监理单位归档；⑦签发工程复工令。

案例六

1.（1）施工单位对工程进行分包应满足的条件：分包必须征得建设单位的同意；分包人应具备符合所分包工程要求的资格条件；分包人不得将工程再次分包；分包工程所占整个工程的比例不应过大，且分包工程应是总工程的次要部位或是附属部分；分包单位应和总包单位同时对建设单位负责。

（2）施工单位将主体结构中的砌筑工程进行分包不妥。

理由：建筑工程主体结构的施工必须由承包单位自行完成，不得分包。

2.（1）施工单位提出索赔的程序不正确。

理由：承包单位向建设单位提出索赔的程序如下。

①承包单位应在知道或应当知道索赔事件发生后28天内，向监理机构递交索赔意向通知书，并说明发生索赔事件的事由。

②承包单位应在发出索赔意向通知书后28天内，向监理机构正式递交索赔通知书。索赔通知书应详细说明索赔理由以及要求追加的付款金额和（或）延长的工期，并附必要的记录和证明材料。

③索赔事件具有连续影响的，承包单位应按合理时间间隔继续递交延续索赔通知，说明连续影响的实际情况和记录，列出累计的追加付款金额和（或）工期延长天数。

④在索赔事件影响结束后的28天内，承包单位应向监理机构递交最终索赔通知书，说明最终要求索赔的追加付款金额和延长的工期，并附必要的记录和证明材料。

（2）建设单位拒绝索赔申请的理由不成立。

理由：地质勘察报告由勘察单位提供，勘察单位应对其提供报告的真实、准确性负责，建设单位对勘察报告的审核不当，其也有连带责任，就施工合同而言，其责任在于建设单位。

（3）修改基础设计增加的费用应由建设单位承担。

理由：施工图设计是由建设单位提供给施工单位的，因此，应由建设单位承担。

3.（1）门窗安装单位向建设单位提出索赔的程序不正确。

理由：分包单位的索赔申请应该向承包单位提出。

（2）门窗安装单位向建设单位提出索赔的理由不成立。

理由：交叉作业属工程施工内容的变化，影响了工作进度，门窗安装单位可以以其为理由向施工单位提出索赔。

第十七套模拟试卷

案例一

某实施监理的工程项目，经有关部门批准采取公开招标的方式确定了中标单位并签订合同。

该工程合同条款中部分规定如下：

（1）由于设计未完成，承包范围内待实施的工程虽然性质明确，但工程量还难以确定，双方商定拟采用总价合同形式签订施工合同，以减少双方的风险。

（2）施工单位按建设单位代表批准的施工组织设计（或施工方案）组织施工，施工单位不承担因此引起的工期延误和费用增加的责任。

（3）建设单位向施工单位提供场地的工程地质和地下主要管网线路资料，供施工单位参考使用。

（4）施工单位不能将工程转包，但允许分包，也允许分包单位将分包的工程再次分包给其他施工单位。

在施工招标文件中，按工期定额计算，该工程工期为 573 天。但在施工合同中，双方约定：开工日期为 2007 年 12 月 15 日，竣工日期为 2009 年 7 月 25 日，日历天数为 586 天。

在工程实际实施过程中，出现了下列情况：

工程进行到第 6 个月时，国务院有关部门发出通知，指令压缩国家基建投资，要求某些建设项目暂停施工。该工程项目属于指令停工下马项目，因此，业主向承包商提出暂时中止合同实施的通知。承包商按要求暂停施工。

复工后在工程后期，工地遭遇当地百年罕见的台风的袭击，工程被迫暂停施工，部分已完工程受损，现场场地遭到破坏，最终使工期拖延了 2 个月。

【问题】

1. 该工程合同条款中约定采用的总价合同形式是否恰当？并说明理由。

2. 该合同条款中存在哪些不妥之处？指正并说明理由。

3. 本工程的合同工期应为多少天？说明理由。

4. 对国务院指令暂时停工怎么处理？对不可抗力的暂时停工怎么处理？

案例二

某工程的施工合同工期为 16 周，项目监理机构批准的施工进度计划如图 17-1 所示。各工作均按匀速施工。施工单位的报价单（部分）如表 17-1 所示。

工程施工到第 4 周末时进行进度检查，发生了如下事件。

事件 1：A 工作已经完成，但由于设计图纸局部修改，实际完成的工程量为 840m³，工作持续时间未变。

事件2：B工作施工时，遇到异常恶劣的气候，造成施工单位的施工机械损坏和施工人工窝工，损失1万元，实际只完成估算工程量的25%。

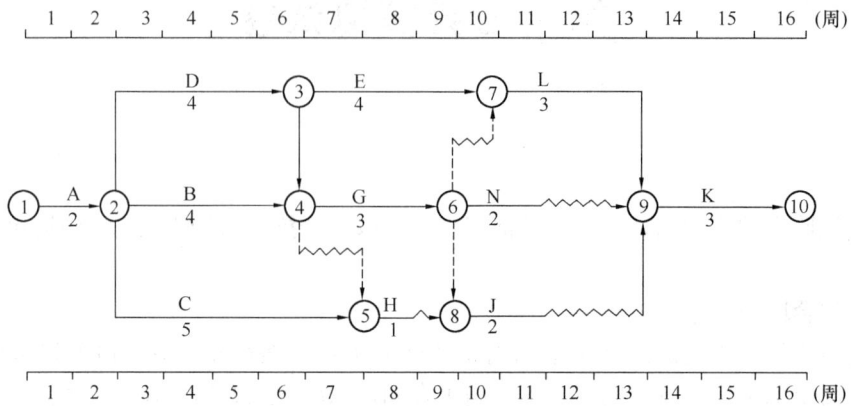

图 17-1　施工进度计划

施工单位报价单　　　　　　　　　　　　　　　　　　　　　　　表 17-1

序号	工作名称	估算工程量	全费用综合单价/（元/m³）	合价/万元
1	A	800m³	300	24
2	B	1200m³	320	38.4
3	C	20 次	—	—
4	D	1600m³	280	44.8

事件3：C工作为检验检测配合工作，只完成了估算工程量的20%，施工单位实际发生检验检测配合工作费用5000元。

事件4：施工中发现地下文物，导致D工作未能开始，造成施工单位自有设备闲置4个台班，台班单价为300元/台班、折旧费为100元/台班。施工单位进行文物现场保护的费用为1200元。

【问题】

1. 根据第4周末的检查结果，在图17-1上绘制实际进度前锋线，逐项分析B、C、D三项工作的实际进度对工期的影响，并说明理由。

2. 若施工单位在第4周末就B、C、D出现的进度偏差提出工程延期的要求，项目监理机构应批准工程延期多长时间？为什么？

3. 施工单位是否可以就事件2、4提出费用索赔？为什么？可以获得的索赔费用是多少？

4. 事件3中C工作发生的费用如何结算？

5. 前4周施工单位可以得到的结算款为多少元？

案例三

某实施监理的工程，建设单位与施工单位按照《建设工程施工合同（示范文本）》签订了施工合同。项目监理机构批准的施工进度计划如图 17-2 所示，各项工作均按最早开始时间安排，匀速进行。

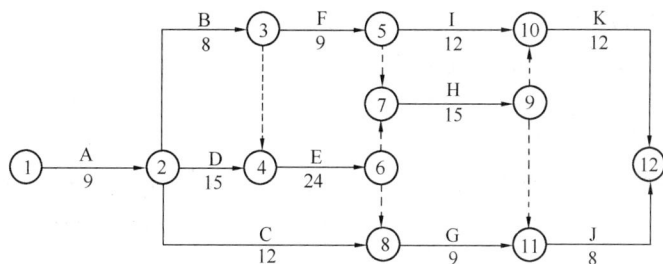

图 17-2　施工进度计划图（单位：天）

施工过程中发生如下事件：

事件 1：施工准备期间，由于施工设备未按期进场，施工单位在合同约定的开工日前第 5 天向项目经理机构提出延期开工的申请，总监理工程师审核后给予书面回复。

事件 2：施工准备完毕后，项目监理机构审查《工程开工报审表》及相关资料后认为：施工许可证已获政府主管部门批准，征地拆迁工作满足工程进度需求，施工单位现场管理人员已到位，但其他开工条件尚不具备。总监理工程师不予签发《工程开工报审表》。

事件 3：工程开工后第 20 天下班时刻，项目监理机构确认：A、B 工作已完成；C 工作已完成 6 天的工作量；D 工作已完成 5 天的工作量；B 工作在未经监理人员验收的情况下，F 工作已进行 1 天。

【问题】

1. 总监理工程师是否应批准事件 1 中施工单位提出的延期开工申请？说明理由。

2. 根据《建设工程监理规范》（GB/T 50319—2013），该工程还应具备哪些开工条件，总监理工程师方可签发《工程开工报审表》？

3. 针对上图所示的施工进度计划，确定该施工进度计划的工期和关键工作。并分别计算 C 工作、D 工作、F 工作的总时差和自由时差。

4. 分析开工后第 20 天下班时刻施工进度计划的执行情况，并分别说明对总工期及紧后工作的影响，此时，预计总工期延长多少天？

5. 针对事件 3 中 F 工作在 B 工作未经验收的情况下就开工的情形，项目监理机构应如何处理？

案例四

某实施监理的工程，监理合同履行过程中发生以下事件。

事件 1：监理规划中明确的部分工作如下：

（1）论证工程项目总投资目标。

（2）制定施工阶段资金使用计划。

（3）编制由建设单位供应的材料和设备的进场计划。

（4）审查确认施工分包单位。

（5）检查施工单位试验室试验设备的计量检定证明。

（6）协助建设单位确定招标控制价。

（7）计量已完工程。

（8）验收隐蔽工程。

（9）审核工程索赔费用。

（10）审核施工单位提交的工程结算书。

（11）参与工程竣工验收。

（12）办理工程竣工备案。

事件2：建设单位提出要求，即总监理工程师应主持召开第一次工地会议、每周一次的工地例会以及所有专业性监理会议，负责编制各专业监理实施细则，负责工程计量，主持整理监理资料。

事件3：项目监理机构履行安全生产管理的监理职责，审查了施工单位报送的安全生产相关资料。

事件4：专业监理工程师发现，施工单位使用的起重机械没有现场安装后的验收合格证明，随即向施工单位发出《监理工程师通知单》。

【问题】

1. 针对事件1中所列的工作，分别指出哪些属于施工阶段投资控制工作，哪些属于施工阶段质量控制工作；对不属于施工阶段投资、质量控制工作的，分别说明理由。

2. 指出事件2中建设单位所提要求的不妥之处，写出正确做法。

3. 事件3中，根据《建设工程安全生产管理条例》，项目监理机构应审查施工单位报送资料中的哪些内容？

4. 事件4中，《监理工程师通知单》应对施工单位提出哪些要求？

案例五

某实施监理的工程项目，建设单位、勘察单位、设计单位、工程监理单位及其他与建设工程安全生产有关的单位根据《建设工程安全生产管理条例》分别组成了工程项目安全生产管理机构，并制定了一系列的安全生产措施。工程参建各单位的安全责任列举如下：

（1）设计单位在编制工程概算时，应当确定建设工程安全作业环境及安全施工措施所需费用。

（2）施工单位在申请领取施工许可证时，应当提供建设工程有关安全施工措施的资料。

（3）建设单位在拆除工程施工7日前，应将有关资料报送建设工程所在地县级以上地方人民政府建设行政主管部门或其他有关部门备案。

（4）工程监理单位和监理工程师应当按照法律、法规和工程建设强制性标准实施监理，并对建设工程安全生产承担主要责任。

（5）施工单位的项目负责人应当由取得相应执业资格的人员担任，并依法对本单位的安全生产工作全面负责。

（6）建设工程施工前，施工单位项目负责人应当对有关安全施工的技术要求向施工作业班组、作业人员作出详细说明，并由双方签字确认。

（7）施工单位使用的在《特种设备安全监察条例》中规定的施工起重机械，在验收前应当经总监理工程师检验合格。

（8）建设单位应当为施工现场从事危险作业的人员办理意外伤害保险。

（9）建设行政主管部门将施工现场的监督检查委托给建设工程监理单位具体实施。

【问题】

1. 《建设工程安全生产管理条例》是根据哪些法律制定的？

2. 《建设工程安全生产管理条例》规定的建设工程安全生产管理的方针是什么？

3. 对全国建设工程安全生产工作实施综合监督管理的是哪个部门？

4. 根据《建设工程安全生产管理条例》的规定来判断以上列举的工程参建各单位的安全责任是否妥当，如不妥，请改正。

5. 根据《建设工程安全生产管理条例》的规定，如果建设单位要求施工单位压缩合同约定的工期，那么该如何处理？

案例六

某穿堤建筑物施工招标，A、B、C、D四个投标人参加投标。招标投标及合同执行过程中发生了如下事件。

事件1：经资格预审委员会审核，本工程监理单位下属的具有独立法人资格的D投标人没能通过资格审查。A、B、C三个投标人购买了招标文件，并在规定的投标截止时间前递交了投标文件。

事件2：评标委员会评标报告对C投标人的投标报价有如下评估。C投标人的工程量清单"土方开挖（土质级别Ⅱ级，运距50m）"项目中，工程量2万 m^3 与单价500元/m^3 的乘积与合价10万元不符。工程量无错误，故应进行修正。

事件3：招标人确定B投标人为中标人，按照《堤防和疏浚工程施工合同》（示范文本）签订了施工承包合同。合同约定：合同价500万元，预付款为合同价的10%，保留金按当月工程进度款5%的比例扣留。施工期第1个月，经监理单位确认的月进度款为100万元。

事件4：根据地方政府美化城市的要求，设计单位修改了建筑设计。修改后的施工图纸未能按时提交，承包人据此给出了有关索赔要求。

【问题】

1. 事件1中，指出招标人拒绝投标人D参加该项目施工投标是否合理，并简述理由。

2. 事件2中，根据《工程建设项目施工招标投标办法》（国家计委令第30号）的规定，简要说明C投标人报价修正的方法并给出修正报价。

3. 事件3中，计算预付款、第1个月的保留金扣留和应得付款。

4. 事件4中，指出承包人提出索赔的要求是否合理并简述理由。

第十七套模拟试卷参考答案、考点分析

案例一

1. 该工程合同条款中约定采用的总价合同形式不恰当。

理由：项目工程量难以确定，双方风险较大，故不应采用总价合同。

2. 该合同条款中存在的不妥之处及理由如下。

（1）不妥之处：建设单位向施工单位提供场地的工程地质和地下主要管网线路资料，供施工单位参考使用。

理由：建设单位向施工单位提供保证资料真实、准确的工程地质和地下主要管网线路资料，作为施工单位现场施工的依据。

（2）不妥之处：允许分包单位将分包的工程再次分包给其他施工单位。

理由：根据《中华人民共和国招标投标法》的规定，禁止分包单位将分包的工程再次分包。

3. 本工程的合同工期应为 586 天。

理由：根据施工合同文件的解释顺序，协议条款应先于招标文件来解释施工中的矛盾。

4.（1）对国务院指令暂时停工的处理：由于国家指令性计划有重大修改或政策上原因强制工程停工，造成合同的执行暂时中止，属于法律上、事实上不能履行合同的除外责任，这不属于业主违约和单方面中止合同，故业主不承担违约责任和经济损失赔偿责任。

（2）对不可抗力的暂时停工的处理：承包商因遭遇不可抗力被迫停工，根据《中华人民共和国合同法》规定可以不向业主承担工期拖延的经济责任，业主应给予工期顺延。

案例二

1.（1）根据第 4 周末的检查结果，绘制的实际进度前锋线如图 17-3 所示。

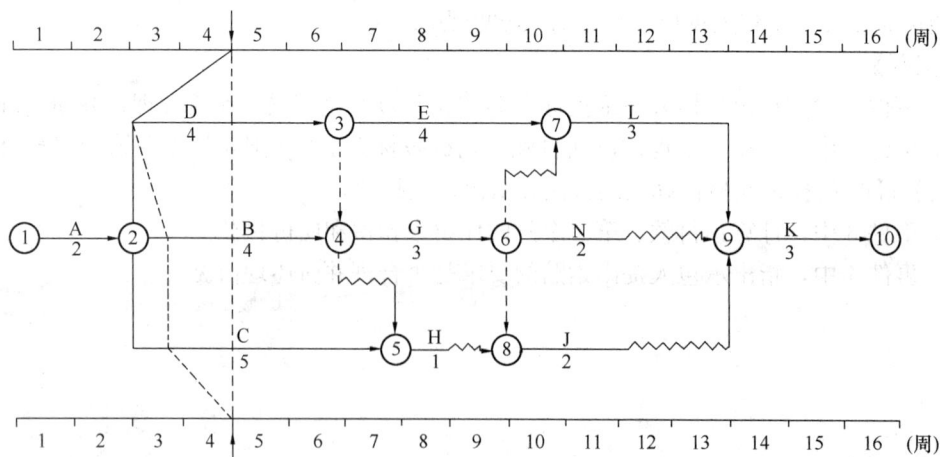

图 17-3　实际进度前锋线

（2）B、C、D 三项工作的实际进度对工期的影响及理由如下。

①B工作拖后1周，不影响工期。

理由：B工作总时差为1周。

②C工作拖后1周，不影响工期。

理由：C工作总时差为3周。

③D工作拖后2周，影响工期2周。

理由：D工作总时差为零（或D工作为关键工作）。

2. 若施工单位在第4周末就B、C、D出现的进度偏差提出工程延期的要求，项目监理机构应批准工程延期2周。

理由：施工中发现地下文物造成D工作拖延，不属于施工单位责任，且D工作属于关键工作。

3. 施工单位是否可以就事件2、4提出费用索赔的判断及理由如下：

（1）事件2不能索赔费用。

理由：异常恶劣的气候造成施工单位施工机构损坏和施工人工窝工的损失不能索赔。

（2）事件4可以索赔费用。

理由：施工中发现地下文物属非施工单位原因。

（3）施工单位可获得的索赔费用：4×100＋1200＝1600（元）。

4. 事件3中C工作发生的费用不予结算，因施工单位对C工作的费用没有报价，故认为该项费用已分摊到其他相应项目中。

5. 前4周施工单位可以得到的结算款的计算如下。

A工作可以得到的结算款：840×300＝252000（元）。

B工作可以得到的结算款：1200×25％×320＝96000（元）。

D工作可以得到的结算款：4×100＋1200＝1600（元）。

前4周施工单位可以得到的结算款＝252000＋96000＋1600＝349600（元）。

案例三

1. 总监理工程师不应批准事件1中施工单位提出的延期开工申请。

理由：根据《建设工程施工合同（规范文本）》的规定，如果承包人不能按时开工，应在不迟于协议约定的开工日期前7天以书面形式向监理工程师提出延期开工的理由和要求，本案例是在开工日前5天提出，不符合规定，所以不应批准。

2. 根据《建设工程监理规范》（GB/T 50319—2013），该工程还应具备以下开工条件，总监理工程师方可签发《工程开工报审表》：①施工组织设计已获总监理工程师批准；②机具、施工人员已进场，主要工程材料已落实；③进场道路及水、电、通信等已满足开工要求。

3. 该施工进度计划的工期为75天，关键工作为A、D、E、H、K。

C工作自由时差＝(9＋15＋24－9－12)天＝27天，总时差＝(75－9－12－9－8)天＝37天。

D工作为关键工作，因此，自由时差为0，总时差为0。

F工作的自由时差＝(26－9－8－9)天＝0，总时差＝(75－9－8－9－15－12)天＝22天。

4. A工作已完成，对总工期及紧后工作无影响。

B 工作已完成，对总工期及紧后工作无影响。

C 工作已完成 6 天的工作量，拖延了 5 天，拖延的时间既没有超过总时差，也没有超过自由时差，对总工期及紧后工作无影响。

D 工作已完成 5 天的工作量，拖延了 6 天，D 工作为关键线路，预计会使总工期延长6 天，也会影响紧后工作。

5. 项目监理机构应按以下程序进行处理：

（1）由总监理工程师签发局部工程暂停令；

（2）责令施工单位对 B 工作进行自检，自检合格后按检验程序向项目监理机构申报验收；

（3）项目监理机构按验收程序对 B 工作组织验收；

（4）若验收合格，尚应检查 F 工作的已施工部分是否符合质量要求，若符合，由总监理工程师签发复工令，方能进行 F 工作的施工；

（5）若 B 工作的验收不合格，应责令施工单位编报处理方案，经监理方审查同意后，由施工单位照方案进行处理，项目监理机构应对处理过程进行跟踪检查，质量处理完成后，再按上述（2）～（4）步程序执行；

（6）若 F 工作已施工部分不符合质量要求，亦应责令施工单位进行处理，再按上述第（4）步程序执行；

（7）由施工单位承担所造成的费用及工期损失。

案例四

1. 施工阶段投资控制工作：第（2）、（7）、（9）、（10）项；

施工阶段质量控制工作：第（4）、（5）、（8）项；

第（1）项工作属于设计阶段投资控制工作；

第（3）项工作属于施工阶段进度控制工作；

第（6）项工作属于施工招标阶段的工作；

第（11）、（12）项工作属于工程竣工阶段的工作。

2. 事件 2 中建设单位所提要求的不妥之处及正确做法如下：

（1）不妥之处：总监理工程师应主持召开第一次工地会议。正确做法：第一次工地会议应由建设单位主持召开。

（2）不妥之处：总监理工程师负责编制各专业监理实施细则。正确做法：监理实施细则由专业监理工程师负责编制，经总监理工程师批准实施。

（3）不妥之处：总监理工程师负责工程计量。正确做法：由专业监理工程师负责本专业的工程计量工作。

3. 根据《建设工程安全生产管理条例》，项目监理机构应审查施工单位报送资料中的内容如下：

（1）审查施工单位编制的施工组织设计中安全技术措施和危险性较大的分部分项工程安全专项施工方案是否符合工程建设强制性标准要求。

（2）审查施工单位资质和安全生产许可证是否合法有效。

（3）审查项目经理和专职安全生产管理人员是否具备合法资格，是否与投标文件相一致。

（4）审查特种作业人员的特种作业操作资格证书是否合法有效。

（5）审核施工单位应急救援预案和安全防护措施费用使用计划。

（6）检查施工单位在工程项目上的安全生产规章制度和安全监管机构的建立、健全及专职安全生产管理人员配备情况，督促施工单位检查各分包单位的安全生产规章制度的建立情况。

4．"监理工程师通知单"应对施工单位提出下列要求：

（1）指令施工单位停止使用该起重机械。

（2）必须由具有相应资质的单位承担起重机械的安装工作，并出具自检合格证明，办理验收手续并签字。

（3）应由检验检测机构对检验合格的起重机械出具安全合格证明文件。

案例五

1．《建设工程安全生产管理条例》是根据《中华人民共和国建筑法》、《中华人民共和国安全生产法》制定的。

2．《建设工程安全生产管理条例》规定的建设工程安全生产管理的方针是安全第一、预防为主。

3．对全国建设工程安全生产工作实施综合监督管理的是国务院负责安全生产监督管理的部门。

4．根据《建设工程安全生产管理条例》的规定，对工程参建各单位安全责任的妥当与否的判断及正确做法如下。

第（1）条不妥。

正确做法：建设单位在编制工程概算时，应当确定建设工程安全作业环境及安全施工措施所需费用。

第（2）条不妥。

正确做法：建设单位在申请领取施工许可证时，应当提供建设工程有关安全施工措施的资料。

第（3）条不妥。

正确做法：建设单位在拆除工程施工15日前，应将有关资料报送建设工程所在地县级以上地方人民政府建设行政主管部门或其他有关部门备案。

第（4）条不妥。

正确做法：工程监理单位和监理工程师应当按照法律、法规和工程建设强制性标准实施监理，并对建设工程安全生产承担监理责任。

第（5）条不妥。

正确做法：施工单位主要负责人应依法对本单位的安全生产工作全面负责（或施工单位的项目负责人应当由取得相应执业资格的人员担任，并对建设工程项目的安全施工负责）。

第（6）条不妥。

正确做法：建设工程施工前，施工单位负责项目管理的技术人员应当对有关安全施工的技术要求向施工作业班组、作业人员作出详细说明，并由双方签字确认。

第（7）条不妥。

正确做法：《特种设备安全监察条例》规定的施工起重机械，在验收前应当经有相应资质的检验检测机构监督检验合格。

第（8）条不妥。

正确做法：施工单位应当为施工现场从事危险作业的人员办理意外伤害保险。

第（9）条不妥。

正确做法：建设行政主管部门或者其他有关部门可以将施工现场的监督检查委托给建设工程安全监督机构具体实施。

5. 根据《建设工程安全生产管理条例》的规定，建设单位要求施工单位压缩合同约定的工期，应当责令限期改正，处 20 万元以上 50 万元以下的罚款；造成重大安全事故，构成犯罪的，对直接责任人员，依照刑法有关规定追究刑事责任；造成损失的，依法承担赔偿责任。

案例六

1. 事件 1 中，招标人拒绝投标人 D 参加该项目施工投标合理。

理由：监理单位与施工单位不能存在隶属关系。

2.（1）事件 2 中，C 投标人报价修正的方法：单价与工程量的乘积与总价之间不一致时，以单价为准，若单价有明显的小数点错位，应以总价为准，并修改单价。本工程量清单报价就属于有明显的小数点错位。

（2）其修正报价单价为 5.00 元/m^3，合价为 10 万元。

3. 预付款＝500×10％＝50（万元）。

第 1 个月的保留金扣留＝100×5％＝5（万元）。

第 1 个月应得付款＝100－5＝95（万元）。

4. 承包人提出的索赔要求合理。

理由：属于设计变更，而且施工图纸也未能按时提交。

第十八套模拟试卷

案例一

某工业项目，建设单位委托了一家监理单位协助组织工程招标并负责施工监理工作。总监理工程师在主持编制监理规划时，安排了一位专业监理工程师负责项目风险分析和相应监理规划内容的编写工作；经过风险识别、评价，按风险量的大小将该项目中的风险归纳为大、中、小三类。根据该建设项目的具体情况，监理工程师对建设单位的风险事件提出了正确的风险对策，相应制定了风险控制措施（见表18-1）。

风险对策及控制措施表　　　　　　　　　　　　　　　　表18-1

序号	风险事件	风险对策	控制措施
1	通货膨胀	风险转移	建设单位与承包单位签订固定总价合同
2	承包单位技术、管理水平低	风险回避	出现问题向承包单位索赔
3	承包单位违约	风险转移	要求承包单位提供第三方担保或提供履约保函
4	建设单位购买的昂贵设备运输过程中的意外事故	风险转移	从现金净收入中支出
5	第三方责任	风险自留	建立非基金储备

通过招标，建设单位与土建承包单位和设备安装单位签订了合同。

设备安装时，监理工程师发现土建承包单位施工的某一设备基础预埋的地脚螺栓位置与设备基座相应的尺寸不符，设备安装单位无法将设备安装到位，造成设备安装单位工期延误和费用损失。经查，土建承包单位是按设计单位提供的设备基础图施工的，而建设单位采购的是该设备的改型产品，基座尺寸与原设计图纸不符。对此，建设单位决定作设计变更，按进场设备的实际尺寸重新预埋地脚螺栓，仍由原土建承包单位负责实施。

土建承包单位和设备安装单位均依据合同条款的规定，提出了索赔要求。

【问题】

1. 针对监理工程师提出的风险转移、风险回避和风险自留三种风险对策，指出各自的适用对象（指风险量大小）。分析监理工程师在表18-1中提出的各项风险控制措施是否正确？说明理由。

2. 针对建设单位提出的设计变更，说明实施设计变更过程的工作程序。

3. 按《建设工程监理规范》的规定，写出土建承包单位和设备安装单位提出索赔要求和总监理工程师处理索赔过程应使用的相关表式。

案例二

某工程，监理合同履行过程中发生如下事件：

事件1：总监理工程师对部分监理工作安排如下：①监理实施细则由总监理工程师代表负责审批；②隐蔽工程由质量控制专业监理工程师负责验收；③工程费用索赔由造价控制专业监理工程师负责审批；④工程计量原始凭证由监理员负责签署。

事件2：总监理工程师对工程竣工预验收工作安排如下：专业监理工程师组织审查施工单位报关的竣工资料，总监理工程师组织工程竣工预验收。施工单位对存在的问题整改，施工单位整改完毕后，专业监理工程师签署工程竣工报验单。并负责编制工程质量评估报告。工程质量评估报告经总监理工程师审核签字后报送建设单位。

事件3：针对该工程的风险因素，项目监理机构综合考虑风险回避，风险转移，损失控制，风险自留四种对策，提出了相应的应对措施，见表18-2：

风险因素及应对措施 表18-2

代码	风险因素	应对措施
A	易燃物品仓库紧邻施工项目部办公用房	施工单位重新进行平面布置，确保两者之间保持安全距离
B	工程材料价格上涨	建设单位签订固定总价合同
C	施工单位报审的分凶单位无类似工程施工业绩	施工单位更换分包单位
D	施工组织设计中无应急预案	施工单位制定应急预案
E	建设单位负责采购的设备技术性能复杂，配套设备较多	建设单位要求供货方负责设备安装调试
F	工程地质条件复杂	建设单位设立专项基金

事件4：一批工程材料进场后，施工单位质检员填写《工程材料/构配件/设备报审表》并签字后，仅附材料供应方提供的质量证明资料报关项目监理机构，项目监理机构审查后认为不妥，不予签认。

【问题】

1. 逐条指出事件1中总监理工程师对监理工件安排是否妥当，不妥之处写出正确安排。

2. 指出事件2中总监理工程师对工程竣工验收工作安排的不妥之处，并写出正确安排。

3. 指出表中A～F的风险应对措施分别属于四种对策中的哪一种。

4. 指出事件4中施工单位的不妥处，并写出正确做法。

案例三

某实施监理的建设项目，承包商根据施工承包合同规定，在开工前编制了该项目的施工进度计划，如图18-1所示。经项目业主确认后承包商按该计划实施。

在施工过程中，发生了下列事件。

事件1：施工到第2个月时，业主要求增加一项工作D，工作D持续时间为4个月。工作D安排在工作A完成之后、工作I开始之前。

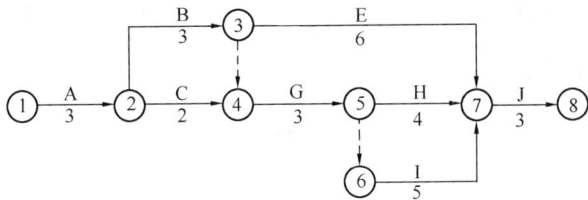

图 18-1　施工进度计划（单位：月）

事件 2：由于设计变更导致工作 G 停工 2 个月。

事件 3：由于不可抗力的暴雨导致工作 D 拖延 1 个月。

上述事件发生后，为保证不延长总工期，承包商需通过压缩工作 G 的后续工作的持续时间来调整施工进度计划。根据分析，后续工作的费率是：工作 H 为 2 万元/月，工作 I 为 2.5 万元/月，工作 J 为 3 万元/月。

【问题】

1. 该建设项目初始施工进度计划的关键工作有哪些？计划工期是多少？

2. 在该建设项目初始施工进度计划中，工作 C 和工作 E 的总时差分别是多少？

3. 绘制增加工作 D 后的施工进度计划并计算此时的总工期。

4. 工作 G、D 拖延对总工期的影响分别是多少？说明理由。

5. 根据上述情况，提出承包商施工进度计划调整的最优方案，并说明理由。

案例四

某实施监理的建设项目，开工前由设计单位负责人主持召开了设计交底会，建设单位、监理单位、施工单位相关人员参加。会后，施工单位整理形成了设计交底会议纪要，送设计单位相关责任人签字后作为施工和监理的依据。

工程开工后，建设单位主持召开了第一次工地会议，建设单位、施工单位和监理单位分别介绍了各自的驻场机构、人员及分工，建设单位对项目监理机构进行了授权，施工单位介绍了施工准备情况，项目监理机构将监理规划的编制进展及主要内容作了介绍，会议确定了参加工地例会的主要人员以及召开工地例会的周期、地点及主要议题，并要求施工单位完成会议纪要整理。

【问题】

1. 指出该项目设计交底会做法的不妥之处，说明理由。

2. 指出该项目第一次工地会议做法的不妥之处，说明理由。

3. 第一次工地会议还应包括哪些内容？

4. 说明监理规划的编制及报批流程。

案例五

某工程，监理单位承担其中 A、B、C 三个施工标段的监理任务。A 标段施工由甲施工单位承担，B、C 标段施工由乙施工单位承担。

工程实施过程中发生以下事件。

事件 1：A 标段基础工程完工并经验收后，基础局部出现开裂。总监理工程师立即向甲施工单位下达《工程暂停令》，经调查分析，该质量事故是由于设计不当所致。

事件2：建设单位负责供应的一批钢材运抵A标段现场后，项目监理机构查验了该批钢材的质量证明文件，并按规定进行了抽检。

事件3：B、C两个标段5、6、7三个月混凝土试块抗压强度统计数据直方图如图18-2所示：

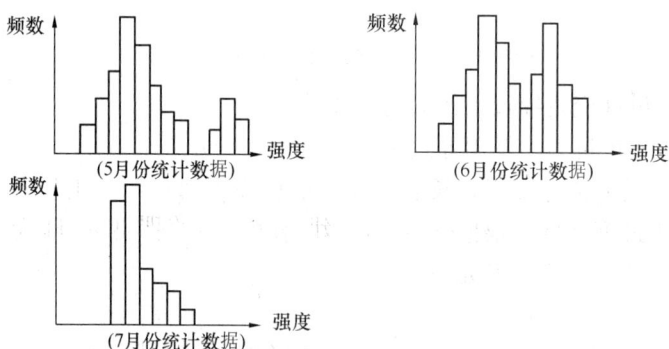

图18-2　混凝土强度统计直方图

事件4：专业监理工程师巡视时发现，乙施工单位的专职安全生产管理人员离岗，临时由甲施工单位的安全生产管理人员兼管B、C标段现场安全。

事件5：C标段工程设计中采用隔震抗震新技术，为此，项目监理机构组织了设计技术交底会。针对该项新技术，乙施工单位拟在施工中采用相应的新工艺。

【问题】

1. 针对事件1，写出项目监理机构处理基础工程质量事故的程序。

2. 事件2中，项目监理机构应查验钢材的哪些质量证明文件？

3. 针对事件3，指出5、6、7三个月的直方图分别属于哪种类型，并分别说明其形成原因。

4. 事件4中，专业监理工程师应如何处理所发现的情况？

5. 事件5中，项目监理机构组织设计技术交底会是否妥当？针对乙施工单位拟采用的新工艺，写出项目监理机构的处理程序。

案例六

某工程，建设单位委托监理单位实施施工阶段监理，按照施工总承包合同约定，建设单位负责空调设备和部分工程材料的采购，施工总承包单位选择桩基施工和设备安装两家分包单位。

在施工过程中，发生如下事件。

事件1：在桩基施工时，专业监理工程师发现桩基施工单位与原申报批准的桩基施工分包单位不一致。经调查，施工总承包单位为保证施工进度，擅自增加了一家桩基施工分包单位。

事件2：专业监理工程师对使用商品混凝土的现浇结构验收时，发现施工现场混凝土试块的强度不合格，拒绝签字。施工单位认为，建设单位提供的商品混凝土质量存在问题。建设单位认为，商品混凝土质量证明资料表明混凝土质量没有问题。经法定检测机构对现浇结构的实体进行检测，结果为商品混凝土质量不合格。

事件3：空调设备安装前，监理人员发现建设单位与空调设备供应单位签订的合同中包括该设备的安装工作。经了解，由于建设单位认为供货单位具备设备安装资质且能提供更好的服务，所以在直接征得设备安装分包单位书面同意后，与设备供应单位签订了供货和安装合同。

事件4：在给水管道验收时，专业监理工程师发现部分管道渗漏。经检查，是由于设备安装单位使用的密封材料存在质量缺陷所致。

【问题】

1. 写出项目监理机构对事件1的处理程序。

2. 针对事件2中现浇结构的质量问题，建设单位、监理单位和施工总承包单位是否应承担责任？说明理由。

3. 事件3中，分别指出建设单位和设备安装分包单位做法的不妥之处，说明理由，写出正确做法。

4. 写出专业监理工程师对事件4中质量缺陷的处理程序。

第十八套模拟试卷参考答案、考点分析

案例一

1. 风险转移适用于风险量大或中等的风险事件；风险回避适用于风险量大的风险事件；风险自留适用于风险量小的风险事件。表 18-1 中：1 正确，建设单位对固定总价合同承担的风险很小；2 不正确，应选择技术管理水平高的承包单位；3 正确，第三方担保或承包单位提供履约保函可转移风险；4 不正确，从现金净收入中支出属风险自留（或答"应购买保险"）；5 正确，出现风险损失，从非基金储备中支付，有应对措施。

2. 实施设计变更过程的工作程序为：

（1）建设单位向设计单位提出设计变更要求。

（2）设计单位负责完成设计变更图纸，签发设计变更文件。

（3）总监理工程师审核设计变更图纸，对设计变更的费用和工期作出评估，协助建设单位和承包单位进行协商，并达成一致。

（4）各方签认设计变更单，承包单位实施设计变更。

（5）监督承包单位实施设计变更。

3. 土建承包单位和设备安装单位提出索赔要求的表式：《费用索赔申请表》，《工程临时延期申请表》。

总监理工程师处理索赔要求的表式：《费用索赔审批表》，《工程临时延期审批表》，《工程最终延期审批表》。

案例二

1. 事件 1 中总监理工程师对监理工件的安排是否妥当：

（1）监理实施细则由总监理工程师代表负责审批的做法是不妥当的。

正确安排：监理实施细则应由总监审批，总监代表不可以审批。

（2）隐蔽工程由质量控制专业监理工程师负责验收的做法是妥当的。

（3）工程费用索赔由造价控制专业监理工程师负责审批的做法是不妥当的。

正确安排：工程费用索赔的审批权在建设单位，总监可以审查，专业监理工程师不可审批。

（4）工程计量原始凭证由监理员负责签署的做法是妥当的。

2. 事件 2 中总监理工程师对工程竣工验收工作安排的不妥之处：专业监理工程师组织审查施工单位报关的竣工资料，总监理工程师组织工程竣工预验收。施工单位对存在的问题整改，施工单位整改完毕后，专业监理工程师签署工程竣工报验单。并负责编制工程质量评估报告。工程质量评估报告经总总监理工程师审核签字后报送建设单位。

正确安排：总监组织专业监理工程师审查施工单位竣工资料；总监组织预验收，建设单位组织验收；工程质量评估报告由总监提出；工程质量评估报告由总监和监理单位技术负责人审核签字。

3. 表中，代码 A 的风险应对措施属于损失控制；代码 B 的风险应对措施属于风险转移；代码 C 的风险应对措施属于风险回避；代码 D 的风险应对措施属于控制损失；代码

E 的风险应对措施属于风险转移；代码 F 的风险应对措施属于风险自留。

4. 事件 4 中施工单位的不妥之处：施工单位质检员填写《工程材料/构配件/设备报审表》并签字后，不应仅附材料供应方提供的质量证明资料报关项目监理机构，所附的资料应包含数量清单、质量证明文件、自检结果。施工单位质检员签字不妥，应由项目经理签字。

案例三

1. 该建设项目初始施工进度计划的关键工作是：A、B、G、I、J。

该计划工期：$3+3+3+5+3=17$（个月）。

2.（1）工作 C 的总时差：$17-(3+2+3+5+3)=1$（个月）。

（2）工作 E 的总时差：$17-(3+3+6+3)=2$（个月）。

3. 增加工作 D 后的施工进度计划，如图 18-3 所示。

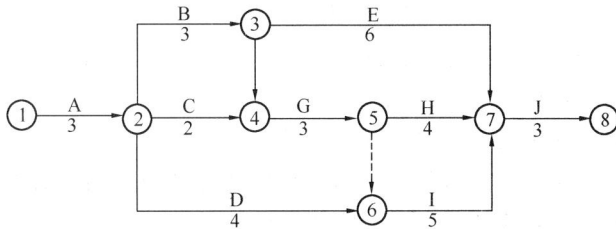

图 18-3　增加工作 D 后的施工进度计划（单位：月）

此时的总工期：$3+3+3+5+3=17$（个月）。

4. 工作 G、D 拖延对总工期影响的判断及理由如下。

（1）工作 G 的拖延使总工期延长 2 个月。

理由：工作 G 位于关键线路上，它的拖延将延长总工期。

（2）工作 D 的拖延对总工期没有影响。

理由：工作 D 没在关键线路上，对总工期没有影响。

5. 承包商施工进度计划调整的最优方案：各压缩 I 工作和 J 工作的持续时间 1 个月。

理由：调整的方案包括三种，第一种方案是压缩 J 工作的持续时间 2 个月，其增加的费用为 $3×2=6$（万元）；第二种方案是各压缩 I 工作和 J 工作的持续时间 1 个月，其增加的费用为 $2.5×1+3×1=5.5$（万元）；第三种方案是压缩 I 工作的持续时间 2 个月，同时压缩 H 工作的持续时间 1 个月，其增加的费用为 $2.5×2+2×1=7$（万元）。

由于第二种方案增加的费用最低，因此，施工进度计划调整的最优方案是各压缩 I 工作和 J 工作的持续时间 1 个月。

案例四

1. 该项目设计交底会的不妥之处及理由如下。

（1）不妥之处：开工前由设计单位负责人主持召开了设计交底会。

理由：设计交底会应在施工图完成并经审查合格后，由建设单位组织召开。

（2）不妥之处：建设单位、监理单位、施工单位相关人员参加设计交底会。

理由：设计单位相关人员也应参加设计交底会。

（3）不妥之处：施工单位整理形成了设计交底会议纪要。

理由：设计交底应由设计单位按专业汇总、整理形成会议纪要，与会各方会签。

（4）不妥之处：设计交底会议纪要，送设计单位相关责任人签字后作为施工和监理的依据。

理由：设计交底会议纪要由建设、设计、监理和施工单位的相关责任人签字，即成为施工和监理的依据。

2. 该项目第一次工地会议的不妥之处及理由如下。

（1）不妥之处：工程开工后，建设单位主持召开了第一次工地会议。

理由：建设单位应工程开工前主持召开第一次工地会议。

（2）不妥之处：项目监理机构将监理规划的编制进展作了介绍。

理由：监理规划应该在第一次工地会议前就编制完成。

（3）不妥之处：施工单位完成会议纪要整理。

理由：应由监理单位完成会议纪要整理。

3. 第一次工地会议还应包括：建设单位介绍工程开工准备情况；建设单位和项目监理机构对施工准备情况提出意见和要求。

4. 监理规划的编制及报批流程如下。

（1）监理规划的编制：监理规划应针对项目的实际情况，明确监理工作目标、工作制度、工作程序、监理方法和措施，由总监理工程师主持编制。

（2）监理规划的报批流程：工程监理规划编制完成后，必须由监理单位技术负责人审核批准后，在第一次工地会议前报送建设项目业主。

案例五

1. 项目监理机构处理基础工程质量事故的程序：

（1）工程事故发生后，总监理工程师签发《工程暂停令》，并要求停止进行质量缺陷部位和与其有关联部位及下道工序的施工，应要求施工单位采取必要的措施，防止事故扩大并保护现场。同时，要求质量事故发生单位迅速按类别和等级向相应的主管部门上报，并于 24 小时内写出书面报告。

（2）监理工程师在事故调查组展开工作后，应积极协助，客观地提供相应证据，若监理方无责任，监理工程师可应邀参加调查组，参与事故调查；若监理方有责任，则应予以回避，但应配合调查组工作。

（3）当监理工程师接到质量事故调查组提出的技术处理意见后，可组织相关单位研究，并责成相关单位完成技术处理方案，并予以审核签认。

（4）技术处理方案核签后，监理工程师应要求施工单位制定详细的施工方案设计，必要时应编制监理实施细则，对工程质量事故技术处理施工质量进行监理，技术处理过程中的关键部位和关键工序应进行旁站，并会同设计、建设等有关单位共同检查认可。

（5）对施工单位完工自检后的报验结果，组织有关各方进行检查验收，必要时应进行处理结果鉴定。要求事故单位整理编写质量事故处理报告，并审核签认，组织将有关技术资料归档。

（6）签发《工程复工令》，恢复正常施工。

2. 项目监理机构应查验钢材的质量证明文件有：钢材的出厂合格证、质量检验或试验报告等。

3. 下列三个月直方图类型分别是：

（1）5月份的直方图属于孤岛形。形成原因：由于原材料发生变化，或者临时他人顶班作业造成的。

（2）6月份的直方图属于双峰形。形成原因：由于用两种不同方法或两台设备或两组工人进行生产，然后把两方面数据混在一起整理产生的。

（3）7月份的直方图属于绝壁形。形成原因：由于数据收集不正常，可能有意识地去掉下限以下的数据，或在检测过程中存在某种人为因素造成的。

4. 专业监理工程师对所发现情况的处理：专业监理工程师应及时静止，并及时向总监理工程师报告。

5. 项目监理机构组织设计技术交底会不妥。项目监理机构对乙施工单位拟采用新工艺的处理程序：专业监理工程师应要求乙施工单位报送相应的施工工艺措施和证明材料，组织专题论证，经审定后予以签认。

案例六

1. 项目监理机构对事件 1 的处理程序：首先要求施工总承包单位对后增加的桩基施工分包单位提出暂停施工，并要求施工总承包单位报送分包单位资格报审表和分包单位有关资质资料，专业监理工程师应审查总承包单位报送的分包单位资格报审表和分包单位有关资质资料，符合有关规定后，由总监理工程师予以签认。

2.（1）针对事件 2 中现浇结构的质量问题，建设单位应承担责任。

理由：建设单位提供的商品混凝土质量存在问题。

（2）针对事件 2 中现浇结构的质量问题，监理单位不应承担责任。

理由：监理单位已履行了职责。

（3）针对事件 2 中现浇结构的质量问题，施工总承包单位应承担责任。

理由：施工总承包单位不应该使用不合格的商品混凝土。

3.（1）事件 3 中，建设单位做法的不妥之处：建设单位与空调设备供应单位签订的合同中包括该设备的安装工作。

理由：建设单位没有权利签订设备安装分包合同。

正确做法：设备安装分包合同应由施工总承包单位与设备安装分包单位签订。

（2）事件 3 中，设备安装分包单位做法的不妥之处：设备安装分包单位书面同意建设单位与设备供应单位签订供货和安装合同。

理由：设备安装分包单位没有此权利。

正确做法：应该经施工总承包单位同意，并办理相应的合同变更手续，供货单位从事安装工程施工的资质及能力应经监理单位审核批准。

4. 专业监理工程师对事件 4 中质量缺陷的处理程序：专业监理工程师填写"不合格项处置记录"，要求施工总承包单位提报技术处理方案，经批准后及时采取措施予以整改。专业监理工程师应对其补救方案进行确认，跟踪处理过程，对处理结果进行验收。

第十九套模拟试卷

案例一

某业主投资建设一工程项目，该工程是列入城建档案管理部门接受范围的工程。该工程由 A、B、C 三个单位工程组成，各单位工程开工时间不同。该工程由一家承包单位承包，业主委托某监理公司进行施工阶段监理。

1. 监理工程师在审核承包单位提交的"工程开工报审表"时，要求承包单位在"工程开工报审表"中注明各单位工程开工时间。监理工程师审核后认为具备开工条件时，由总监理工程师或由经授权的总监理工程师代表签署意见，报建设单位。

2. 监理单位在进行本工程的监理文件档案资料归档时，将下列监理文件做短期保存：①监理大纲；②监理实施细则；③监理总控制计划等；④预付款报审与支付。

3. 监理工程师在开工前，认真审核了施工单位提交的有关文件、资料。

【问题】

1. 监理单位的以上做法有何不妥？应该如何做？监理工程师在审核"工程开工报审表"时，应从哪些方面进行审核？

2. 建设单位在组织工程验收前，应组织监理、施工、设计各方进行工程档案的预验收。建设单位的这种做法是否正确？为什么？

3. 以上 4 项监理文件中，哪些不应由监理单位作短期保存？监理单位作短期保存的监理文件应有哪些？

4. 监理工程师在开工前应重点审核施工单位的哪些技术文件和资料？

5. 举例说明哪些文件属于监理文件？

6. 建设工程监理文件要分别在哪些地方归档保存？

7. 建设工程监理文件的保存期分为永久、长期、短期三种，某些监理文件如工程延期报告、合同争议、违约报告及处理意见等文件需要永久保存在什么地方？

案例二

某大型工程项目由政府投资建设，业主委托某招标代理公司代理施工招标。招标代理公司确定该项目采用公开招标方式招标，招标公告在当地政府规定的招标信息网上发布。招标文件中规定：投标担保可采用投标保证金或投标保函方式担保。评标方法采用经评审的最低投标价法。投标有效期为 60 天。

业主对招标代理公司提出以下要求：为了避免潜在的投标人过多，项目招标公告只在本市日报上发布，且采用邀请招标方式招标。

项目施工招标信息发布以后，共有 12 家潜在的投标人报名参加投标。业主认为报名参加投标的人数太多，为减少评标工作量，要求招标代理公司仅对报告的潜在投标人的资质条件、业绩进行资格审查。

开标后发现：

（1）A 投标人的投标报价为 8000 万元，为最低投标价，经评审后推荐其为中标候选人。

（2）B 投标人在开标后又提交了一份补充说明，提出可以降价 5%。

（3）C 投标人提交的银行投标保函有效期为 70 天。

（4）D 投标人投标文件的投标函盖有企业及企业法定代表人的印章，但没有加盖项目负责人的印章。

（5）E 投标人与其他投标人组成了联合体投标，附有各方资质证书，但没有联合体共同投标协议书。

（6）F 投标人的投标报价最高，故 F 投标人在开标后第二天撤回了其投标文件。

经过标书评审，A 投标人被确定为中标候选人。发出中标通知书后，招标人和 A 投标人进行合同谈判，希望 A 投标人能再压缩工期、降低费用。经谈判后双方达成一致：不压缩工期，降价 3%。

【问题】

1. 业主对招标代理公司提出的要求是否正确？说明理由。

2. 分析 A、B、C、D、E 投标人的投标文件是否有效？说明理由。

3. F 投标人的投标文件是否有效？对其撤回投标文件的行为应如何处理？

4. 该项目施工合同应该如何签订？合同价格应是多少？

案例三

某承包商于某年承包某外资工程项目施工。与业主签定的承包合同的部分内容有：

1. 工程合同价 2000 万元，工程价款采用调值公式动态结算。该工程的人工费占工程价款的 35%，材料费占 50%，不调值费用占 15%。具体的调值公式为：

$$P = P_0 \times (0.15 + 0.35A/A_0 + 0.23B/B_0 + 0.12C/C_0 + 0.08D/D_0 + 0.07E/E_0)$$

式中
P——调值后合同价款或工程实际结算款；

P_0——合同价款中工程预算进度款；

A_0、B_0、C_0、D_0、E_0——基期价格指数

A、B、C、D、E——工程结算日期的价格指数。

2. 开工前业主向承包商支付合同价 20% 的工程预付款，当工程进度款达到 60% 时，开始从工程结算款中按 60% 抵扣工程预付款，竣工前全部扣清。

3. 工程进度款逐月结算。

4. 业主自第 1 个月起，从承包商的工程价款中按 5% 的比例扣留质量保证金。工程保修期为 1 年。

该合同的原始报价日期为当年 3 月 1 日。结算各月份的工资、材料价格指数见表 19-1。

未调值前各月完成的工程情况为：

5 月份完成工程 200 万元，本月业主供料部分材料费为 5 万元。

6 月份完成工程 300 万元。

代号	A_0	B_0	C_0	D_0	E_0
3 月指数	100	153.4	154.4	160.4	144.4
代　号	A	B	C	D	E
5 月指数	110	156.2	154.4	162.2	160.2
6 月指数	108	158.2	156.2	162.2	162.2
7 月指数	108	158.4	158.4	162.2	164.2
8 月指数	110	160.2	158.4	164.2	162.4
9 月指数	110	160.2	160.2	164.2	162.8

7 月份完成工程 400 万元，另外由于业主方设计变更，导致工程局部返工，造成拆除材料费损失 1500 元，人工费损失 1000 元，重新施工人工、材料等费用合计 1.5 万元。

8 月份完成工程 600 万元，另外由于施工中采用的模板形式与定额不同，造成模板增加费用 3000 元。

9 月份完成工程 500 万元，另有批准的工程索赔款 1 万元。

【问题】

1. 工程预付款是多少？

2. 确定每月业主应支付给承包商的工程款。

3. 工程在竣工半年后，发生屋面漏水，业主应如何处理此事？

案例四

某实施监理的工程项目分为 A、B、C 三个单项工程，经有关部门批准采取公开招标的形式分别确定了三个中标人并签订了合同。A、B、C 三个单项工程合同条款中有如下规定：

1. A 工程在施工图设计没有完成前，业主通过招标选择了一家总承包单位承包该工程的施工任务。由于设计工作尚未完成，承包范围内待实施的工程虽性质明确，但工程量还难以确定，双方商定拟采用总价合同形式签订施工合同，以减少双方的风险。合同条款中规定：

（1）乙方按业主代表批准的施工组织设计（或施工方案）组织施工，甲方不应承担因此引起的工期延误和费用增加的责任。

（2）甲方向乙方提供施工场地的工程地质和地下主要管网线路资料，供乙方参考使用。

（3）乙方不能将工程转包，但允许分包，也允许分包单位将分包的工程再次分包给其他施工单位。

2. B 工程合同额为 9000 万元，总工期为 30 个月，工程分两期进行验收，第 1 期为 18 个月，第 2 期为 12 个月。在工程实施过程中，出现了下列情况：

（1）工程开工后，从第 3 个月开始连续 4 个月业主未支付承包商应得的工程进度款。为此，承包商向业主发出要求付款通知，并提出对拖延支付的工程进度款应计利息的要求，其数额从监理工程师计量签字后第 11 天起计息。业主方以该 4 个月未支付工程款作为偿还预付款而予以抵销为由，拒绝支付。为此，承包商以业主违反合同中关于预付款扣还的规定，以及拖欠工程款导致无法继续施工为由而停止施工，并要求业主承担违约责任。

（2）工程进行到第 10 个月时，国务院有关部门发出通知，指令压缩国家基建投资，要求某些建设项目暂停施工，该项目属于指令停工项目。因此，业主向承包商提出暂时中止执行合同实施的通知。为此，承包商要求业主承担单方面中止合同给承包方造成的经济损失赔偿责任。

（3）工程复工后，承包商向国外订购一批特种钢材，但这批钢材在海运途中由于遭遇超常的特大风暴，船舶失事沉没而未能运到，延误了工期，使第 1 期工程竣工推迟了 3 个月。为此，在出现失事事件后，承包商及时向供应商提出了索赔要求，要求供应商尽快补运一批钢材来，并要求承担因延误工期而造成承包方经济损失的责任。

（4）复工后在工程后期，工地遭遇当地百年以来最大的台风，工程被迫暂停施工，部分已完工程受损，现场场地遭到破坏，最终使工期拖延了 2 个月。为此，业主要求承包商承担工期拖延所造成的经济损失责任和赶工的责任。

3. C 工程在施工招标文件中规定工期按工期定额计算，工期为 550 天。但在施工合同中，开工日期为 2005 年 12 月 15 日，竣工日期为 2007 年 7 月 20 日，日历天数为 581 天。

【问题】

1. A 单项工程合同中业主与施工单位选择总价合同形式是否妥当？说明理由。合同条款中有哪些不妥之处？指出正确做法。

2. B 单项工程合同执行过程中出现的问题应如何处理？

3. C 单项工程合同的合同工期应为多少天？

4. 合同变更价款的原则与程序包括哪些内容？合同争议如何解决？

案例五

某建筑公司与某单位于 2012 年 7 月 8 日签订了教学楼承建合同，合同约定由于甲方责任造成总工期延误 1 天，甲方应向乙方补偿 1 万元，若乙方延误总工期 1 天，应扣除乙方工程款 1 万元；施工中实际工程量超过计划工程量 10％以上时，超过部分按原单价的 90％计算。双方对施工进度网络计划达成一致（如图 19-1）。

在施工过程中发生了下列事件：

事件 1：A 工程（基础土方）原计划土方量为 400m³，因设计变更实际土方量为 450m³（原定单价为 80 元/m³）。

事件 2：B 工程施工中乙方为保证施工质量，将施工范围边缘扩大，原计划土方量由 300m³增加到 350m³。

事件 3：C 工程施工结束后，监理工程师认为基柱内管线放线位置与设计图纸不符，经剥露检查确实有误，延误工期 2 天，发生费用 2 万元。

事件 4：I 工程施工中发现甲方提供的设计图纸有严重错误，修改图纸致使乙方施工拖延 3 天，发生费用 3 万元。

事件 5：G 工程施工中乙方租赁的设备未按时到达现场，影响乙方施工拖延 2 天，发生费用 1 万元。

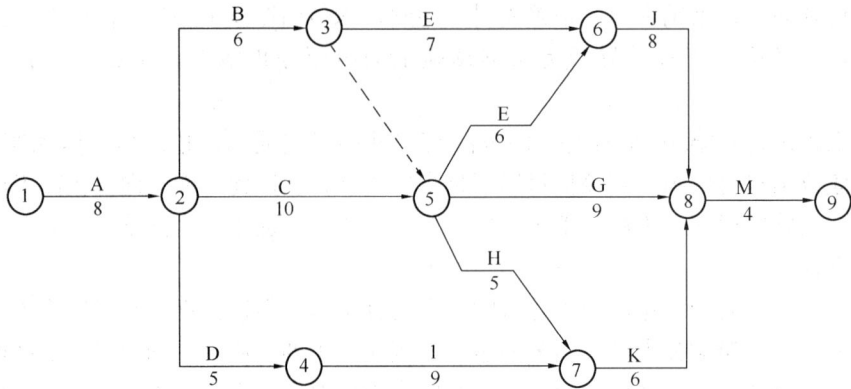

图 19-1 施工进度网络计划图（单位：天）

【问题】

1. 上述事件中哪些应进行工期补偿，哪些应进行费用补偿？

2. 该工程的计划工期为多少天？关键线路包括哪些单项工程？

3. 该工程实际工期为多少天？应扣除或补偿乙方工程款多少万元？

4. 如果 C、I 工程共用 1 台起重机，网络图中应如何表示？起重机正常在场时间为多少天？由于甲方责任在场时间增加多少天？如何处理？如补偿费用，是否补偿机上工作人员费用？

案例六

某实施监理的工程项目，建设单位通过公开招标方式选择了勘察单位、设计单位、施工单位和工程监理单位，并与其分别签订了勘察合同、设计合同、施工合同和委托监理合同，在合同中约定了各自的工程质量责任和义务，现摘录合同中约定的部分质量责任和义务。

（1）设计单位应当将施工图设计文件报县级以上人民政府建设行政主管部门或其他有关部门审查。

（2）建设单位在办理工程质量监督手续前，应当按照国家有关规定领取施工许可证或开工报告。

（3）监理单位收到建设工程竣工报告后，应当组织设计、施工、建设等有关单位进行竣工验收。

（4）设计单位应当就审查合格的施工图设计文件向监理单位作出详细说明。

（5）总承包单位依法将建设工程分包给其他单位的，分包单位应当按照分包合同的约定对其分包工程的质量向建设单位负责，总承包单位不承担对分包工程的质量责任。

（6）工程监理单位可以将专业性强、辅助工程转让给其他监理单位进行监理。

（7）工程监理单位对施工质量承担主要责任。

（8）基础设施工程的最低保修期限为 20 年。

（9）建设工程发生质量事故，有关单位应当在 48 小时内向当地建设行政主管部门和其他有关部门报告。

【问题】

1. 从事建设工程活动，必须严格执行基本建设程序，应坚持的原则是什么？

2. 根据《建设工程质量管理条例》来判断以上摘录的合同中约定的部分质量责任和义务是否妥当？如不妥，请改正。

3.《建设工程质量管理条例》是依据哪些法律制定的？该条例自什么时间起施行？

第十九套模拟试卷参考答案、考点分析

案例一

1. （1）监理单位的做法不妥之处及正确做法：

①不妥之处：要求承包单位在工程开工报审表中注明各单位工程开工时间。

正确做法：要求承包单位在每个单位工程开工前都应填报一次工程开工报审。

②不妥之处：由总监理工程师或由经授权的总监理工程师代表签署意见。

正确做法：由总监理工程师签署意见，不得由总监理工程师代表签署。

（2）监理工程师在审核"工程开工报审表"时应从以下各方面进行审核：①工程所在地（所属部委）政府建设主管单位已签发施工许可证；②征地拆迁工作已能满足工程进度的需要；③施工组织设计已获总监理工程师批准；④测量控制桩、线已查验合格；⑤承包单位项目经理部现场管理人员已到位，机具、施工人员已进场，主要工程材料已落实；⑥施工现场道路、水、电、通信等已满足开工要求。

2. 建设单位在组织工程验收前，应组织监理、施工、设计各方进行工程档案的预验收，做法不正确。

理由：建设单位在组织工程竣工验收前，应提请当地城建档案管理部门对工程档案进行预验收；未取得工程档案验收认可文件，不得组织工程竣工验收。

3. 不应由监理单位作短期保存的有：监理大纲和预付款报审与支付。

监理单位作短期保存的监理文件有：监理规划、监理实施细则、监理总控制计划、专题总结、月报总结。

4. 监理工程师在开工前应重点审核施工单位的技术文件和资料：

（1）施工单位编制的施工方案和施工组织设计文件。

（2）施工单位质量保证体系或质量保证措施文件。

（3）分包单位的资质。

（4）进场工程材料的合格证、技术说明书、质量保证书、检验试验报告等。

（5）主要施工机具、设备的组织配备和技术性能报告。

（6）审核拟采用的新材料、新结构、新工艺、新技术的技术鉴定文件。

（7）审核施工单位开工报告，检查核实开工应具备的各项条件。

5. 属于监理文件的有：监理规划、月付款的报审与支付凭证、分包单位资质材料、开工/复工审批表、开工/复工暂停令、质量事故报告及处理意见等。

6. 建设工程监理文件应分别在地方城建档案馆、建设单位、监理单位归档保存。

7. 建设工程监理文件的保存期分为永久、长期、短期三种，某些监理文件如工程延期报告、合同争议、违约报告及处理意见等文件需要永久保存在建设单位。

案例二

1. 业主对招标代理公司提出的要求正确与否判断。

（1）业主提出招标公告只在本市日报上发布不正确。

理由：公开招标项目的招标公告，必须在指定媒介发布，任何单位和个人不得非法限制招标公告的发布地点和发布范围。

（2）业主要求采用邀请招标不正确。

理由：因该工程项目由政府投资建设，相关法规规定："全部使用国有资金投资或者国有资金投资占控股或者主导地位的项目"，应当采用公开招标方式招标。如果采用邀请招标方式招标，应由有关部门批准。

（3）业主提出的仅对潜在投标人的资质条件、业绩进行资格审查不正确。

理由：资质审查的内容还应包括：信誉、技术、拟投入人员、拟投入机械、财务状况等。

2. 投标文件是否有效的判断。

（1）A 投标人的投标文件有效。

（2）B 投标人的投标文件（或原投标文件）有效。但补充说明无效，因开标后投标人不能变更（或更改）投标文件的实质性内容。

（3）C 投标人的投标文件无效。因投标保函的有效期应超过投标有效期 30 天（或 28 天）。

（4）D 投标人的投标文件有效。

（5）E 投标人的投标文件无效。因为组成联合体投标的投标文件应附联合体各方共同投标协议。

3.（1）F 投标人的投标文件有效。

（2）对于 F 投标人撤回投标文件的行为，招标人可以没收其投标保证金。给招标人造成损失超过投标保证金的，招标人可以要求其赔偿。

4. 合同的签订与合同价格

（1）该项目应自中标通知书发出后 30 日内按招标文件和 A 投标人的投标文件签订书面合同，双方不得再签订背离合同实质性内容的其他协议。

（2）合同价格应为 8000 万元。

案例三

1. 工程预付款：$2000 \times 60\% = 1200$（万元）。

2.（1）工程预付款的起扣点：$T = 2000 \times 60\% = 1200$（万元）。

（2）每月终业主应支付的工程款如下：

① 5 月份月终支付：

$200 \times (0.15 + 0.35 \times 110/100 + 0.23 \times 156.2/153.4 + 0.12 \times 154.4/154.4 + 0.08 \times 162.2/160.3 + 0.07 \times 160.2/144.4) \times (1 - 5\%) - 5 = 194.08$（万元）。

② 6 月份月终支付：

$300 \times (0.15 + 0.35 \times 108/100 + 0.23 \times 158.2/153.4 + 0.12 \times 156.2/154.4 + 0.08 \times 162.2/160.3 + 0.07 \times 162.2/144.4) \times (1 - 5\%) = 298.16$（万元）。

③ 7 月份月终支付：

$[400 \times (0.15 + 0.35 \times 108/100 + 0.23 \times 158.4/153.4 + 0.12 \times 158.4/154.4 + 0.08 \times 162.2/160.3 + 0.07 \times 164.2/144.4) + 0.15 + 0.1 + 1.5] \times (1 - 5\%) = 400.34$（万元）。

④ 8 月份月终支付：

$600 \times (0.15 + 0.35 \times 110/100 + 0.23 \times 160.2/153.4 + 0.12 \times 158.4/154.4 + 0.08 \times$

164.2/160.3＋0.07×162.4/144.4)×(1－5％)－300×60％＝432.62(万元)。

⑤ 9月份月终支付：

[500×(0.15＋0.35×110/100＋0.23×160.2/153.4＋0.12×160.2/154.4＋0.08×164.2/160.3＋0.07×162.8/144.4)＋1]×(1－5％)－(400－300×60％)＝284.74(万元)。

3. 工程在竣工半年后，发生屋面漏水，由于在保修期内，业主应首先通知原承包商进行维修。如果原承包商不能在约定的时限内派人维修，业主也可委托他人进行修理，费用从质量保修金中支付。

案例四

1. (1) A 单项工程采用总价合同形式不妥当。

理由：项目工程量难以确定，双方风险较大。

(2) 合同条款中的不妥之处：第 (1) 条中乙方按业主代表批准的施工组织设计 (或施工方案) 施工不妥；应改为按总监理工程师批准的施工组织，设计 (施工方案) 施工。第 (2) 条中"供乙方参考使用"提法不当，应改正为保证资料 (数据) 真实、准确，作为乙方现场施工的依据。第 (3) 条不妥；不允许分包单位再次分包。

2. (1) 业主连续 4 个月未按合同规定支付工程进度款，应承担金钱债务及违约责任，承包商提出要求付款并计入利息是合理的。但除专门规定外，通常计息期及利息数额应当从发包方监理工程师签字后第 15 天 (即 14 天后) 起计算，而不应是承包商所提出的第 11 天起算。另外，业主方以所欠的工程进度款作为偿还预付款为借口拒绝支付，不符合工程计量、支付和预付款扣还的一般规定，是不能接受的。

(2) 由于国家指令性计划有重大修改或政策原因强制工程停工，造成合同的执行暂时中止，属于法律上、事实上不能履约的除外责任，这不属于业主违约和单方面中止合同，故业主不承担违约责任和经济损失赔偿责任。

(3) 承包商向国外订购钢材，因海运事故未能运到的处理应区分两种情况：①若承包商与供应商所签供货合同交货条款中规定以 FOB (装运港交货) 或 FAS (船边交货) 价格成交的，属于出口地交货，则承包商不能要求供货方承担责任。②若双方所签供货合同规定以 CIF (货物成本加运保费) 或 C&F (货物成本加运费) 价格成交，属于目的港交货。在货物运达目的港交货前供货商应对承包商承担有关责任，故应负责补送钢材。但是由于遭受特大风暴属于不可抗力影响的延误，可以免除供货商承担延误交货所造成损失的责任。但是，如果是由于供货商迟延发货而遭遇此事故，则不能免除责任。

(4) 承包商因遭遇不可抗力被迫停工，根据合同法，承包商可以不承担工期拖延的经济和工期延误责任，业主应当给予工期顺延，但不补偿费用。

3. 按照合同文件的解释顺序，协议条款与招标文件在内容上有矛盾时，应以协议条款为准，所以 C 单项工程合同的合同工期应认定为 581 天。

4. (1) 变更合同价款的调整按下列原则和方法进行：①合同中已有适用于变更工程的价格，按合同已有的单价计算和变更合同价款；②合同中只有类似于变更工程的价格，可以参照类似价格变更合同价款；③合同中没有适用或类似于变更工程的价格，由承包人提出适当的变更价格，经工程师确认后执行。

(2) 确定变更价款的程序：①变更发生后的 14 天内，承包方应提出变更价款报告，经监理工程师确认后，调整合同价；②若变更发生后 14 天内，承包方不提出变更价款报告，则视为该变更不涉及价款变更；③监理工程师收到变更价款报告之日起 14 天内应对其予以确认；若无正当理由不确认时，自收到报告时算起 14 天后该报告自动生效。

（3）解决合同争议的方式：发生合同争议时，应按如下程序解决：双方协商和解解决；达不成一致时请第三方调解解决；调解不成，则需通过仲裁或诉讼最终解决。因此在专用条款内需要明确约定双方共同接受的调解人，以及最终解决合同争议是采用仲裁还是诉讼方式、仲裁委员会或法院的名称。

案例五

1. 索赔事件分析表见表 19-2 所示。

索赔事件分析表　　　　　　　　　　　　　　　　　　　　表 19-2

事件	责任	发生部位	工期索赔	费用索赔
1	甲方	关键工序	√	√
2	乙方	非关键工序	×	×
3	乙方	关键工序	×	×
4	甲方	非关键工序	×	√
5	乙方	关键工序	×	×

事件 1：发生在关键工序中，属甲方责任，按计划工期 8 天平均每天完成 $50m^3$，现实际工程量增加 $50m^3$，默示工期增加 1 天，应予顺延。应增加工程费为：$80 \times 40 + 80 \times 0.9 \times 10 = 3920$（元）。

事件 4：发生在非关键工序，甲方延误责任，虽延误 3 天（本工序 TF=1，其紧后工序为 K，TF=3）对总工期无影响，故工期不予补偿，费用补偿 3 万元。

事件 2、3、5 均为乙方责任，故不予工期补偿和费用补偿。

2. 用标号法确定计划工期和关键线路。

原计划网络中计划工期为 36 天，关键工序为：A→C→F→J→M。

图 19-2 中□中数据为事项最早开始时间（ES）。△中数据为事项最迟完成时间（LF）。

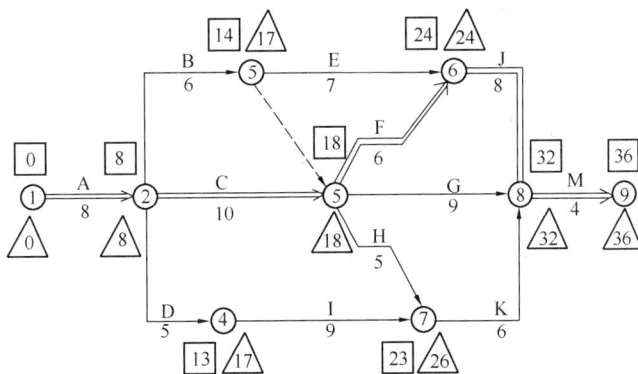

图 19-2　最早开始时间、最迟完成时间

3. 实际工期计算如图 19-3 所示。

包含甲方责任延误工期时间的甲方责任工期为 37 天。

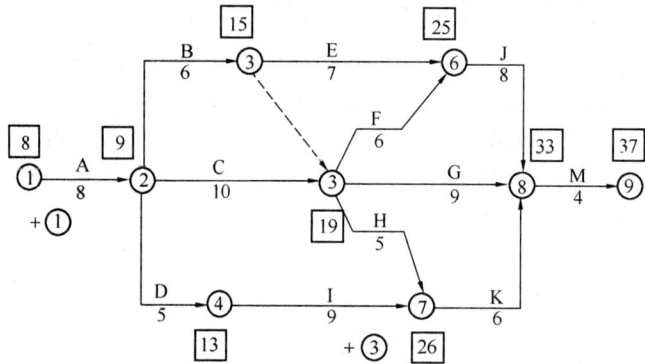

(a)

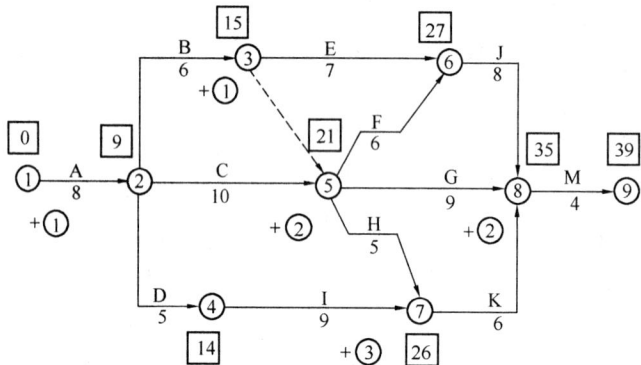

(b)

19-3　计划图

　　包含甲、乙双方延误时间的实际工期为 39 天，排除甲方责任工期 37 天，剩余 2 天即为由于甲方责任延误工期。故甲方应扣除乙方工程款 2 万元。

　　4. C、I 共用 1 台起重机的施工计划可用图 19-4 来表示。

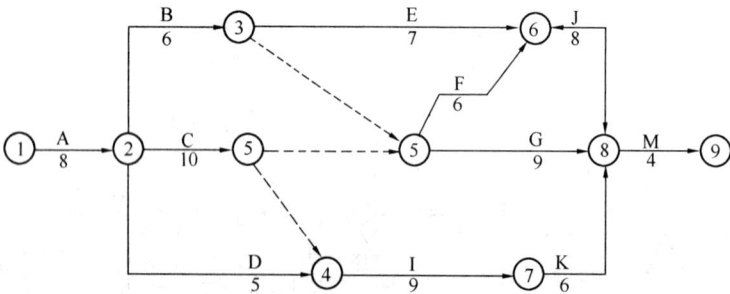

图 19-4　起重机施工计划图

　　C 工序最早开工时间 $ES=8$，I 工序最早开工时间 $ES=18$，最早完工时间 $EF=27$，故正常情况下起重机在场时间为 $27-8=19$（天）。

　　在甲方延误责任的前提下，C 工序 $ES=9$，$EF=19$，I 工序 $ES=19$，$EF=31$；故起重机在场时间为 $31-9=22$（天），比正常情况下增加了 3 天。

　　若起重机为乙方自有，应分别按原定台班费定额（工程量增加）或设备折旧费（窝工）给予补偿。若起重机为乙方租赁，应分别按原定台班费定额或租金给予补偿。

费用补偿时不应支付机上工作人员工资费用，因为此项费用已包含在机械台班费定额中。

案例六

1. 从事建设工程活动，必须严格执行基本建设程序，坚持"先勘察、后设计、再施工"的原则。

2. 根据《建设工程质量管理条例》对合同中约定的部分质量责任和义务的妥当与否判定如下：

（1）不妥。

正确做法：建设单位应当将施工图设计文件报县级以上人民政府建设行政主管部门或其他有关部门审查。

（2）不妥。

正确做法：建设单位在领取施工许可证或者开工报告前，应当按照国家有关规定办理工程质量监督手续。

（3）不妥。

正确做法：建设单位收到建设工程竣工报告后，应当组织设计、施工、监理等有关单位进行竣工验收。

（4）不妥。

正确做法：设计单位应当就审查合格的施工图设计文件向施工单位作出详细说明。

（5）不妥。

正确做法：总承包单位依法将建设工程分包给其他单位的，分包单位应当按照分包合同的约定对其分包工程的质量向总承包单位负责，总承包单位与分包单位对分包工程的质量承担连带责任。

（6）不妥。

正确做法：工程监理单位不得转让工程监理业务。

（7）不妥。

正确做法：工程监理单位对施工质量承担监理责任。

（8）不妥。

正确做法：基础设施工程的最低保修期为设计文件规定的该工程的合理使用年限。

（9）不妥。

正确做法：建设工程发生质量事故，有关单位应当在 24 小时内向当地建设行政主管部门和其他有关部门报告。

3.《建设工程质量管理条例》是依据《建筑法》制定的。该条例自 2000 年 1 月 30 日起施行。